"十二五"职业教育国家规划教材配套用书

工程建设定额测定与编制实训

吴 瑛 蒋 晔 编著

何 辉 主审

U0291594

中国建筑工业出版社

图书在版编目（CIP）数据

工程建设定额测定与编制实训/吴瑛，蒋晔编著.
北京：中国建筑工业出版社，2014.3（2023.3重印）
"十二五"职业教育国家规划教材配套用书
ISBN 978-7-112-17870-4

Ⅰ.①工…　Ⅱ.①吴…②蒋…　Ⅲ.①建筑工程—工程造
价—高等学校—教材　Ⅳ.①TU723.3

中国版本图书馆CIP数据核字(2015)第042400号

本书是"十二五"职业教育国家规划教材、国家精品教材《工程建设定额原理与实务》的配套教材，主要用于《工程建设定额原理与实务》课程的实务训练，着力帮助提高工程建设定额的制定与编制的核心岗位能力。

本书主要包括：人工工日消耗量的确定、材料消耗量的确定、机械台班消耗量的确定、企业定额的编制、预算定额的编制、概算定额的编制等内容。本书更注重指导学生如何在掌握已学定额原理基础上进行实际的测定与编制，通过训练帮助提高学生动手能力，更好地适应岗位标准要求。

本书可作为高等职业教育工程造价和工程管理类等相关专业的教学用书，也可作为工程造价管理人员的自学参考书。

* 　* 　*

责任编辑：张　晶　朱首明
责任设计：李志立
责任校对：陈晶晶　刘　钰

"十二五"职业教育国家规划教材配套用书
工程建设定额测定与编制实训
吴　瑛　蒋　晔　编著
何　辉　主审

*

中国建筑工业出版社出版、发行（北京西郊百万庄）
各地新华书店、建筑书店经销
北京科地亚盟图文设计有限公司制版
北京建筑工业印刷厂印刷

*

开本：787×1092毫米　1/16　印张：6¼　字数：153千字
2015年3月第一版　　2023年3月第七次印刷
定价：**20.00**元
ISBN 978-7-112-17870-4
(27112)

前　　言

本书是"十二五"职业教育国家规划教材、国家精品教材《工程建设定额原理与实务》的配套教材，它是根据全国高职高专教育土建类专业教学指导委员会制定的工程造价专业培养目标、培养方案和课程标准，结合工程造价岗位职业标准编写的，主要用于《工程建设定额原理与实务》课程的实务训练，着力帮助提高工程建设定额的制定与编制的核心岗位能力。

本书在编写过程中，力求在以下几个方面进行创新，形成鲜明的特色。

1. 校企共同合作编写，注重内容的原创性

本书由高职院校与大型建筑国企高级经济管理人员一起编著，在内容选择、案例选用、实训题目设计上，坚持以真实工程实例为基础进行修改与拓展，力求更好符合真题真做目标。

2. 基于工作过程导向，体现理实一体化

在实训项目设计及示范中，基于造价员真实工作过程为导向，从设定教学目标→实训步骤→实训内容→实训案例→实训题目，力求更好做到理论与实际一体化。

3. 内容衔接贯通，突出实训应用型

本书是《工程建设定额原理与实务》教材的拓展，在内容上既相互衔接又各有侧重。书的内容更注重指导学生如何在掌握已学定额原理基础上进行实际的测定与编制，通过训练帮助提高学生动手能力，更好地适应岗位标准要求。

4. 编写通俗易懂，强化学习针对性

本书编制学时，根据长期高职教育经验，充分考虑学生的现实基础，尽可能做到由浅入深，通俗易懂。做到编制依据充分、编制步骤清晰、示范案例典型、语言精练，并强化政策、规范时效性，更好地服务教学。

本书共设有6大实训项目，其中1、2、3、5、6由浙江建设职业技术学院吴瑛副教授编著，4由浙江省建工集团蒋晔高级工程师编著，全书由吴瑛副教授统稿与修改。浙江建设职业技术学院谢联瑞、何建芳老师在5、6中提供案例与帮助，朱群红老师提供本书CAD插图，在此深表感谢。浙江建设职业技术学院何辉教授担任主审。

本书编著由于作者水平、时间、条件所限，不妥之处在所难免，欢迎读者提出宝贵意见，以便我们不断改进。同时，工程建设定额原理具有时效性、政策性、地域性与实践性，如内容存在与国家有关部门规定不符之处，以文件与规定为准。

目　　录

0 概　　论

0.1　课程性质与目标

《工程建设定额原理与实务》课程把建筑安装工程产品的生产成果与生产消耗之间的定量关系作为研究对象，以工程建设项目施工过程为研究内容，合理地确定完成单位合格产品的人工、材料、机械台班消耗量标准，从而达到合理确定建筑产品价格的目的。它是工程造价专业中的一门核心课程，其作用是帮助学生掌握定额编制的原理，并用于正确合理地确定建筑安装产品的工程造价。因此，根据行业企业需求，合理重构人才培养职业岗位目标和教学目标，是做好该课程职业能力考核评价的基础。

1. 职业岗位目标

经过校企多年合作探讨，结合造价行业人才需求，工程造价专业确立了"一个核心、四个方向、两大拓展"的人才培养目标的基本思路：即紧紧抓住造价员岗位群这一核心，围绕土建、安装、市政、园林四个造价方向开展基本素质与基本技能的培养，同时考虑就业面和造价行业发展趋势，适当向项目管理与项目代建两个方面拓展。学生毕业时，参加相应从业资格证考试，获得相应的岗位证书。

2. 教学目标

（1）知识目标。①熟悉企业定额，预算定额、概算定额与概算指标、投资估算指标、工期定额的编制方法与作用；②掌握劳动定额、材料消耗定额、机械台班消耗定额编制原理与方法；③掌握人工材料、机械台班预算价格组成及计取方法；④熟悉建设项目费用组成及计取方法；掌握建筑安装工程费用组成与计取方法。

（2）能力目标。通过本课程实训学习，使学生深刻理解工程建设定额在社会主义市场经济中的地位和重要性，掌握工程建设定额实务必备的能力。①能运用定额的编制原理，进行工时及材料消耗数量测定，编制企业定额、预算定额、概算定额；②会熟练运用预算定额、费用定额和工期定额，进行定额的套用、调整与换算、费用计取和施工工期的确定。

（3）素质目标。培养学生爱岗敬业、吃苦耐劳的品质，树立实事求是的科学态度，客观、公正、合理地编制和应用工程建设定额。①科学客观、实事求是的态度；②虚心求教、组织协调；③细致、严谨、认真负责；④团队精神；⑤职业责任心。

0.2　定额测编实训内容与任务

1　人工工日消耗量的确定
2　材料消耗量的确定
3　机械台班消耗量的确定
4　企业定额的编制

5　预算定额的编制

6　概算定额的编制

0.3　定额测编的基本依据

（1）法律法规。

国家与工程建设有关法律、法规，政府的价格政策，现行的建筑安装工程施工及验收规范，安全技术操作规程与工程建设设计规范。

（2）劳动制度。

主要有《建筑安装工人技术等级标准》和工资标准、八小时工作日制度、劳动保护制度等。

（3）各种规范、规程、标准。

包括设计规范、施工及验收规范、技术操作规程、安全操作规程等。

（4）技术资料、测定和统计资料。

包括典型工程施工图、正常施工条件、机械装备程度、常用施工方法、施工工艺、劳动组织、技术测定数据定额统计资料等。

0.4　定额测定的基本方法

定额测定方法很多，其基本方法有以下五种：

（1）技术测定法。

技术测定法是一种科学的调查研究方法。它是通过对施工过程的具体活动进行实地观察，详细记录工人和施工机械的工作时间消耗，测定完成产品的数量和有关影响因素，将记录结果进行分析研究，整理出可靠的数据资料，为编制定额提供可靠数据的一种方法。常用的技术测定方法包括：测时法、写实记录法、工作日写实法。

（2）经验估算法。

根据生产实践经验，依照有关技术文件或实物，并考虑现有条件，分析估算定额。优点是简便易行，工作量小，制定定额快；缺点是受雇工作人员主观因素的影响很大，定额准确性差。主要用于多品种小批量生产、单件生产、新产品试制、临时性生产的情况。

（3）统计分析法。

根据以往生产相同或相似产品工序工时的统计资料，经过整理、分析计算确定定额的方法。优点是比经验估算法更能反映实际情况，缺点是定额水平不够先进合理。一般应用于生产比较正常、产品比较稳定、条件变化不大、品种较少的情况下。

（4）比较类推法。

以典型构件、工序的工时定额为依据，经过对比、分析推算出同类构件或工序定额的方法。优点是工作量大，能保持定额水平的平衡和准确性；缺点是应用的范围受限制。新产品试制或单件小批量生产多采用这种方法。

（5）定额标准资料法。

以系统成套的时间定额标准为基础，通过对作业要素的分解，找出一一对应的项目与时间值,最后求出构件(或工序、工部、操作)时间定额的方法。优点是使用标准资料制定定额比较简便,而且定额水平也比较准确;缺点是制定定额标准资料的工作量大,一般由行业管理单位组织编制。这种方法适用范围广,在品种多、构件多、工序多的情况下采用更为适宜。

0.5 定额编制的基本步骤

定额的编制,大致可分为五个阶段:准备工作、收集资料、制定定额编制细则、编制定额、修订与报批阶段。

第一阶段:准备工作阶段

(1)制定定额编制计划。

(2)确定定额编制范围及编制内容。

(3)明确定额的编制原则、水平要求、项目划分和表现形式。

(4)拟定参加编制定额单位及人员。

(5)提出编制工作的规划经费来源及时间安排。

(6)组建专业编制小组。

第二阶段:收集资料阶段

(1)收集基础资料。

在已确定的编制范围内,采取用表格化收集定额编制基础资料,以统计资料为主,注明所需要的资料内容、填表要求和时间范围。其优点是统一口径,便于资料整理,并具有广泛性。

(2)组织专题座谈。

邀请建设单位、设计单位、施工单位及管理单位的有经验的专业人员开座谈会,听取意见和建议,以便在编制新定额时改进。

(3)收集定额编制依据资料。

1)现行的定额及有关资料。

2)现行的建筑安装工程施工及验收规范。

3)安全技术操作规程和现行有关劳动保护的政策法令。

4)国家设计标准规范。

5)编制定额必须依据的其他有关资料。

(4)收集定额资料。

1)日常定额解释资料。

2)补充定额资料。

3)新结构、新工艺、新材料、新机械、新技术用于工程实践的资料。

第三阶段:制定定额编制细则

(1)统一编制表格及编制方法。

(2)统一计算口径、计量单位和小数点位数的要求。

(3)统一名称、用字、专业编号、符号代码,简化字要规范化,文字要简练明确。

(4)确定定额的项目划分和工程量计算规则。

（5）选择人工工日、材料、机械台班消耗量的测定方法。

（6）确定定额水平。

第四阶段：定额编制阶段

（1）依据定额项目内容进行针对性资料索取、分类与提炼。

（2）有计划进行人工工日、材料、机械台班消耗量的测定。

（3）依据基础数据、编制细则要求进行标准化定额子目的编制。

（4）复核已完定额子目内容、整理成交。

第五阶段：修改、报批阶段

已完定额子目征求意见与论证、修改成定稿，报批立档与实施。

0.6　定额测编实训考核评价

考核评价分学生自评、组长评价与指导教师评价三部分，其内容详见定额测编实训教学考核表（表0-1）。

定额测编实训教学考核表　　　　　　　　　　表 0-1

学生姓名		班级		学号		组号		实训名称	《定额测编实务训练》		
项目、任务名称								项目、任务总分			

学生学习情况自评	序号	内容	标准	分值	评分
	1	你对项目的学习兴趣和投入程度	A. 很高　B. 较高　C. 中等　D. 一般　E. 较差	10	
	2	你本项目的实训中组织纪律情况	A. 很好　B. 较好　C. 中等　D. 一般　E. 较差	10	
	3	根据你现有的知识独立完成项目的情况	A. 能　B. 基本能　C. 经过努力能　D. 不能	20	
	4	对你完成的项目最终成果的评价	A. 优秀　B. 良好　C. 中　D. 及格　E. 不及格	60	
			折合成绩（占10%）	总分	

组长评价	序号	内容	标准	分值	评分
	1	该同学在项目实施中的纪律情况和协作能力	A. 很高　B. 较高　C. 中等　D. 一般　E. 较差	10	
	2	该同学在实训中任务完成的效率和质量情况	A. 很高　B. 较高　C. 中等　D. 一般　E. 较差	20	
	3	该同学独立学习能力与解决问题的能力	A. 很高　B. 较高　C. 中等　D. 一般　E. 较差	10	
	4	该同学项目最终成果的评价	A. 优秀　B. 良好　C. 中　D. 及格　E. 不及格	60	
	组长签名：		折合成绩（占20%）	总分	

指导教师评价	序号	能力要素	能力目标	考核项目	权重（%）	评分
	1	职业素质	具备职业基本素质及团队协作能力	出勤情况	5	
				学做态度	5	
				团队协作	5	
	2	项目完成计划情况	能按照计划任务书要求完成实训项目	按技能点分别确定考核完成情况	25	
	3	项目完成成果质量	能按照计划任务书及规范要求标准完成实训项目并递交成果	按技能点分别确定考核上交成果质量	30	
	4	实训过程处理问题能力	按规范有关规定处理和回答指导教师提出的问题	根据面试考核情况	20	
	5	实训收获	能准确预测自己成果和感受收获	按照学生书面总结情况	10	
	指导老师签名：			折合成绩（占70%）	总分	

1 人工工日消耗量的确定

1.1 实训目标

（1）掌握测定工时消耗的计时观察法。
（2）能进行工时消耗的测定。
（3）会进行工时消耗的测定数据的计算与分析整理。
（4）会确定定额人工工日消耗量。

1.2 实训步骤与方法

步骤1：做好工时消耗测定的准备工作。

（1）明确测定的目的，正确选择测定对象。

（2）熟悉所测施工过程的技术资料和现行人工消耗定额的规定。在明确了测定目的和选择好测定对象后，测定人员即应熟悉所测施工过程的图纸、施工方案、施工准备、施工日期、产品特征、劳动组织、材料供应、操作方法；熟悉现行人工消耗定额的有关规定、现行建筑安装工程施工及验收规范、技术操作规程及安全操作规程等有关技术资料。

（3）划分所测施工过程的组成部分（图1-1）。

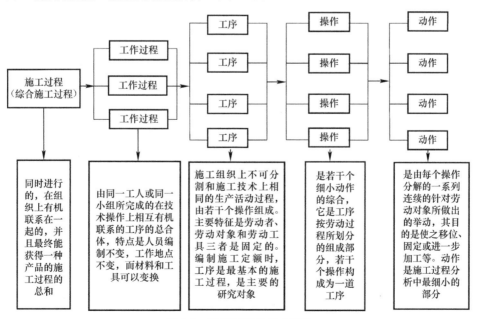

图 1-1 施工过程的组成部分

（4）测定工具的准备。为了满足技术测定过程中的实际需要，应准备好记录夹、测定所需的各式表格、计时器（表）、衡器、照相机以及其他必需的用品和文具等。

步骤2：进行现场实测。

人工工时消耗现场实测，主要作用不仅是为确定定额人工消耗量提供基础数据，而且也能为改善施工组织管理、改善工艺过程和操作方法、消除不合理的工时损失和进一步挖掘生产潜力提供技术数据。测定人工工时消耗的基本方法是计时观察法。其主要内容见表1-1。

计时观察法的主要内容 表1-1

序号	种类		定义	主要特点	适用范围
1	测时法	选择测时法	间隔选择施工过程中非紧连接的工序或操作测定工作时间	测定过程中秒表可停	主要适用于测定那些定时重复的循环工作的工时消耗，是精确度比较高的一种计时观察法
		接续测时法	是对施工过程循环的组成工序或操作不间断的测定工作时间	测定过程中秒表不停，用双针表	
2	写实记录法	数字法	用数字记录时间的方法	可同时对2个工序进行观察	是一种研究各种性质的工作时间消耗的方法。采用这种方法，可以获得分析工作时间消耗的全部资料，是一种值得提倡的方法
		图示法	用图表的形式记录时间	可同时对3人以内的工序进行观察	
		混合法	用图示法的表格记录所测施工过程各组成部分的延续时间，并完成每一组工序或操作则用数字表示	可同时对3人以上的工序进行观察	
3	工作日写实法	个人工作日写实法	是测定一个工人在整个工作日的工时消耗	利用图示法记录时间	是一种研究整个工作班内的各种工时消耗的方法。这是我国采用较广泛的编制定额的一种方法
		小组工作日写实法	是测定一个小组在工作日内的工时消耗	利用混合法记录时间	
		机械工作日写实法	是测定某一机械在一个台班内机械发挥程度	利用混合法或数字法记录时间	

步骤3：进行数据分类与整理。

工人在工作班内消耗的工作时间，有的是必需的，有的则是损失掉的。因此，工作时间按其消耗的性质，可以分为两大类：必需消耗的时间（定额时间）和损失时间（非定额时间）。

工人的工作时间分类见图1-2。

步骤4：确定人工消耗量定额。

（1）分析基础资料。

（2）确定正常的施工条件。

（3）确定合理人工消耗量定额。

人工消耗定额一般采用技术测定法、比较类推法、统计分析法、经验估计法四种，常用技术测定法。

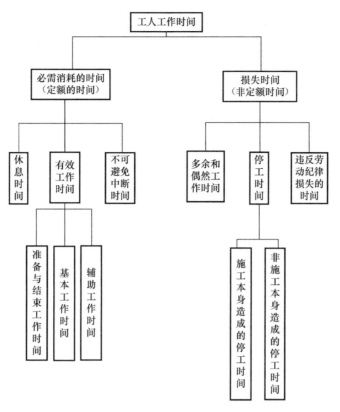

图 1-2 工人工作时间分类图

技术测定法是指应用测时法、写实记录法、工作日写实法等几种计时观察法获得的工作时间的消耗数据，进而制定人工消耗定额。劳动定额的表现形式有时间定额和产量定额两种，它们之间互为倒数关系，拟定出时间定额，即可计算出产量定额。

时间定额是在拟定基本工作时间、辅助工作时间、不可避免的中断时间、准备与结束的工作时间及休息时间的基础上制定的。

1) 拟定基本工作时间。

基本工作时间是必须消耗的工作时间，是所占比重最大、最重要的时间。基本工作时间消耗根据计时观察法来确定。具体做法分以下两种情况：

① 各组成部分产品计量单位与工作过程的产品计量单位一致。

$$T_{基本} = \sum_{i=1}^{n} t_i$$

式中　$T_{基本}$——单位产品基本工作时间；

　　　t_i——各组成部分基本工作时间。

② 各组成部分产品计量单位与工作过程的产品计量单位不一致。

$$T_{基本} = \sum_{i=1}^{n} k_i \times t_i$$

式中　k_i——折算成同工作过程产品计量单位一致的换算系数。

2）拟定辅助工作时间和准备与结束工作时间。

辅助工作时间和准备与结束工作时间的确定方法与基本工作时间相同，如果这两项工作时间在整个工作班工作时间消耗中所占比重不超过 5%～6%，则可归纳为一项来确定。如果在计时观察时不能取得足够的资料，来确定辅助工作和准备与结束工作的时间，也可采用经验数据来确定。

3）拟定不可避免的中断时间。

不可避免的中断时间一般根据测时资料，通过整理分析获得。在实际测定时由于不容易获得足够的相关资料，一般可根据经验数据，以占基本工作时间的一定百分比确定此项工作时间。

在确定这项工作时间时，必须分析不同工作中断情况，分别加以对待。一种情况是由于工艺特点所引起的不可避免中断，此项工作时间消耗，可以列入工作过程的时间定额。另一种是由于工人任务不均，组织不善而引起的中断，这种工作中断就不应列入工作过程的时间定额，而要通过改善劳动组织、合理安排劳力分配来克服。

4）拟定休息时间。

休息时间是工人生理需要和恢复体力所必需的时间，应列入工作过程的时间定额，休息时间应根据工作作息制度、经验资料、计时观察资料以及对工作的疲劳程度作全面分析来确定，同时应考虑尽可能利用不可避免中断时间作为休息时间。

从事不同工程、不同工作的人，疲劳程度有很大差别。在实际应用中往往根据工作轻重和工作条件的好坏，将各种工作划分为不同的等级。例如，某规范按工作疲劳程度分为轻度、较轻、中等、较重、沉重、最沉重六个等级，它们的休息时间占工作的比重分别为 4.16%、6.25%、8.37%、11.45%、16.7%、22.9%。

5）拟定时间定额。

确定了基本工作时间、辅助工作时间、准备与结束工作时间、不可避免中断时间和休息时间确定后，即可以计算劳动定额的时间定额。计算公式如下：

$$定额工作延续时间 = 基本工作时间 + 其他工作时间$$

式中，其他工作时间＝辅助工作时间＋准备与结束工作时间＋不可避免中断时间＋休息时间。

在实际应用中，其中的工作时间一般有两种表达方式：

第一种方法：其他工作时间以占工作延续时间的比例表达，计算公式为：

$$定额工作延续时间 = \frac{基本工作时间}{1-其他各项时间所占百分比}$$

第二种方法：其他工作时间以占基本工作时间的比例表达，则计算公式为：

$$定额工作延续时间 = 基本工作时间 \times (1+其他各项时间所占百分比)$$

1.3 参考案例

案例 1-1

背景资料：

现对翻斗车运土（运距 200m）施工过程进行连续测时，具体数据记录见表 1-2。

连续测时记录表

表 1-2

观测对象	观测精度	测时方法	观察日期	开始时间	终止时间	延续时间	观察系统
翻斗车运土	1s	连续法	2014.4.7	8：00	12：01：10	241'10"	1

施工单位名称	工程名称	数据记录整理
××集团公司	××别墅	

施工过程名称：翻斗车运土，运距200m

号次	工序或操作名称	时间类别	每一循环名称																			延续时间总计 s	有效循环次数	算术平均值	最大极值	最小极值	占每一个循环时间的百分比（%）
			1		2		3		4		5		6		7		8		9		10							
			min	s	min	s	min	s	min	s	min	s	min	s	min	s	min	s	min	s	min	s						
1	装土	起止时间	3	40	28	10	52	35	76	50	100	50	127	00	150	55	175	40	197	05	220	50						
		延续时间		220		230		215		220		225		350		210		220		225		220						
2	从装车地点到卸车地点	起止时间	13	50	38	10	62	50	86	40	110	45	137	10	161	00	183	00	207	10	231	00						
		延续时间		610		600		625		590		595		610		685		440		605		610						
3	卸土	起止时间	15	00	39	30	64	35	88	10	112	00	138	30	163	00	184	20	208	35	232	20						
		延续时间		70		80		85		90		75		80		120		80		85		80						
4	回到装车地点	起止时间	20	20	44	45	69	20	93	20	117	20	143	40	168	15	189	30	213	40	237	30						
		延续时间		320		315		295		310		320		310		315		310		305		310						
5	停放妥当以备装车	起止时间	24	20	49	00	73	10	97	15	121	10	147	25	172	00	193	20	217	10	241	10						
		延续时间		240		255		230		235		230		225		225		220		210		220						
合计																												

测定人：

任务:

(1) 分析整理各组成部分的数据。

(2) 计算各组成部分每一循环工时消耗并完成表格填写。

(3) 计算翻斗车运土,运距 200m 施工过程工时合计消耗。

[解]:

(1) 分析整理各组成部分的数据。

① 装土。

共有 10 个实测数据,其中偏差值大的可疑数据为 350,试删去这一数据,计算出极限值。

$$\bar{X} = \frac{1}{9} \times (220 + 230 + 215 + 220 + 225 + 210 + 220 + 225 + 220) = 220.6s$$

$$\text{Lim}_{max} = 220.6 + 1.0 \times (230 - 210) = 240.6s$$

$$\text{Lim}_{min} = 220.6 - 1.0 \times (230 - 210) = 200.6s$$

可疑值 350,大于最大极值 240.6,故应将 350 删去。

② 从装车地点到卸土地点。

共有 10 个实测数据,其中偏差值小的可疑值为 440,试删去这一数据,计算出极值。

$$\bar{X} = \frac{1}{9} \times (610 + 600 + 625 + 590 + 595 + 610 + 605 + 605 + 610) = 605.6s$$

$$\text{Lim}_{max} = 605.6 + 1.0 \times (625 - 590) = 640.6s$$

$$\text{Lim}_{min} = 605.6 - 1.0 \times (625 - 590) = 470.6s$$

可疑值 440,小于最小极值 470.6,故应将 440 删去。

③ 卸土。

共有 10 个实测数据,其中偏差值大的可疑值为 120,试删去这一数据,计算出极限值。

$$\bar{X} = \frac{1}{9} \times (70 + 80 + 85 + 90 + 75 + 80 + 80 + 85 + 80) = 80.6s$$

$$\text{Lim}_{max} = 80.6 + 1.0 \times (90 - 70) = 100.6s$$

$$\text{Lim}_{min} = 80.6 - 1.0 \times (90 - 70) = 60.6s$$

可疑值 120,大于最大极值 100.6,故应将 120 删去。

④ 回到装车地点。

$$\bar{X} = \frac{1}{10} \times (320 + 315 + 295 + 310 + 320 + 310 + 315 + 310 + 305 + 310) = 311s$$

$$\text{Lim}_{max} = 311 + 1.0 \times (320 - 295) = 335s$$

$$\text{Lim}_{min} = 311 - 1.0 \times (320 - 295) = 286s$$

所有数据均在最小极值与最大极值之间,数据有效。

⑤ 停放妥当以备装车。

$$\bar{X} = \frac{1}{10} \times (240 + 255 + 230 + 235 + 230 + 225 + 225 + 220 + 210 + 220) = 229s$$

$$\text{Lim}_{max} = 229 + 1.0 \times (255 - 210) = 274s$$

$$\text{Lim}_{min} = 229 - 1.0 \times (255 - 210) = 184s$$

所有数据均在最小极值与最大极值之间，数据有效。

（2）计算各组成部分每一循环工时消耗。

① 装土延续时间。

删去可疑值 350，有效循环次数 9 次。

延续时间总计 $= 220+230+215+220+225+210+220+225+220 = 1985s$

算术平均值 $= 1985 \div 9 = 220.6s$

② 从装车地点到卸土地点，删去可疑值 440，有效循环次数 9 次。

延续时间总计 $= 610+600+625+590+595+610+605+605+610 = 5450s$

算术平均值 $= 5452 \div 9 = 605.6s$

③ 卸土。

删去可疑值 120，有效循环次数 9 次。

延续时间总计 $= 70+80+85+90+75+80+80+85+80 = 725s$

算术平均值 $= 725 \div 9 = 80.6s$

④ 回到装车地点，有效循环次数 10 次。

延续时间总计 $= 320+315+295+310+320+310+315+310+305+310 = 3110s$

算术平均值 $= 3110 \div 10 = 311s$

⑤ 停放妥当以备装车，有效循环次数 10 次。

延续时间总计 $= 240+255+230+235+230+225+225+220+210+220 = 2290s$

算术平均值 $= 2290 \div 10 = 229s$

数值填表见表 1-3。

（3）计算翻斗车运土，运距 200m 施工过程工时合计消耗。

合计工时消耗 $= 220.6+605.6+80.6+311+229 = 1446.8s$

各组成部分每个循环时间百分比见表 1-3。

案例 1-2

背景资料：

（1）某工程现浇矩形梁 90m³，钢筋工程量：

Φ6 0.270t，Φ8 0.040t，Φ12 1.350t，Φ22 5.450t，Φ25 7.100t，利用塔吊运输。

（2）工作内容包括：

1）熟悉施工图纸，布置操作地点，领退料具，队组自检互检，机械加油加水，排出一般机械故障，保养机具，操作完毕后的场地清理等；

2）钢筋制作：①平直；②切断；③弯曲；

3）钢筋绑扎：清理模板内杂物，烧断钢丝，按设计要求将钢筋绑扎成型并放入模内；

4）现浇构件除另有规定外，包括安放垫块。预制构件包括绑扎成型构件的挂牌、垫楞、堆放以及入模和安放垫块；

5）运距≤60m 的地面水平运输和取放半成品，现浇构件还包括搭拆简单架子和人力一层、机械六层（或高 20m）的垂直运输，以及建筑物底层或楼层的全部水平运输。

（3）材料取料点—加工点超运距为 50m，制作点—堆放点超运距为 50m，堆放点—安装点超运距 130m，人工幅度差为 10%。

表1-3

连续测时记录表

观测对象	观测精度	测时方法	施工单位名称	观察日期	开始时间	终止时间	延续时间	观察系统
翻斗车运土	1s	连续法	××集团公司	2014.4.7	8:00	12h 1min 10s	241min 10s	1
施工过程名称			翻斗车运土，运距200m			工程名称	××别墅	

号次	工序或操作名称	时间类别	1 (min/s)	2 (min/s)	3 (min/s)	4 (min/s)	5 (min/s)	6 (min/s)	7 (min/s)	8 (min/s)	9 (min/s)	10 (min/s)	延续时间总计	有效循环次数	算术平均值	最大极值	最小极值	占每一个循环时间的百分比(%)
1	装土	起止时间	3/40	28/10	52/35	76/50	100/50	127/00	150/55	175/40	197/05	220/50	1985	9	220.6	240.6	220.6	15.2
		延续时间	220	230	215	220	225	350	210	220	225	220						
2	从装车地点到卸车地点	起止时间	13/50	38/10	62/50	86/40	110/45	137/10	161/00	183/00	207/10	231/00	5450	9	605.6	640.6	470.6	41.9
		延续时间	610	600	625	590	595	610	685	440	605	610						
3	卸土	起止时间	15/00	39/30	64/35	88/10	112/00	138/30	163/00	184/20	208/35	232/20	725	9	80.6	100.6	60.6	5.6
		延续时间	70	80	85	90	75	80	120	80	85	80						
4	回到装车地点	起止时间	20/20	44/45	69/20	93/20	117/20	143/40	168/15	189/30	213/40	237/30	3110	10	311	335	286	21.5
		延续时间	320	315	295	310	320	310	315	310	305	310						
5	停放妥当以备装车	起止时间	24/20	49/00	73/10	97/15	121/10	147/25	172/00	193/20	217/10	241/10	2290	10	229	274	184	15.8
		延续时间	240	255	230	235	230	225	225	220	210	220						
合计															1446.8			100

数据记录整理

（4）经测算每吨钢筋各种规格为：

Φ6 0.003t，Φ8 0.019t，Φ12 0.095t，Φ22 0.383t，Φ25 0.500t，其中Φ22、Φ25为弯成型钢筋机制手绑。

（5）计算依据：《建设工程劳动定额 建筑工程—钢筋工程、材料运输及加工工程》，详见表1-4、表1-5。

超运距增加工日表　　　　　　　　　　　　　　　　　　　　表1-4

项　目		各类钢筋		
		盘圆、直筋	弯成型	绑扎成型
超运距（≤m）	30	0.155	0.211	0.275
	50	0.161	0.221	0.290
	90	0.168	0.231	0.302
	120	0.176	0.242	0.315
	160	0.187	0.259	0.357
	200	0.200	0.278	0.366
	250	0.208	0.286	0.386
	300	0.227	0.313	0.400
	400	0.250	0.345	0.455
	500	0.272	0.385	0.500
	超过500m≤1000m 每100m增加工日	0.028	0.040	0.045

梁时间定额表　　　　　　　　　　　　　　　　　　　　表1-5

定额编号		AG0031	AG0032	AG0033	AG0034	AG0035	序　号
项目		连系梁、单梁			框架梁		
		主筋直径（mm）					
		≤16	≤25	>25	≤16	≤25	
综合	机制手绑	6.72	4.71	3.76	7.90	5.56	一
	部分机制手绑	7.54	5.34	4.30	8.74	6.20	二
制作	机械	2.75	2.10	1.80	2.80	2.17	三
	部分机械	3.58	2.73	2.34	3.65	2.81	四
手工绑扎		3.97	2.61	1.96	5.10	3.40	五

任务：

（1）计算每吨钢筋用工数量；

（2）计算该工程现浇矩形梁的钢筋制安劳动力总用工数量。

［解］：

（1）计算每吨钢筋用工数量

① 现浇矩形梁钢筋直径≤16mm

$$t = 0.003 + 0.019 + 0.095 = 0.117t$$

查表 1-5 AG0031（一）6.72 工日/t

$$用工数量 = 0.117 \times 6.72 = 0.79 \text{ 工日} /t$$

② 现浇矩形梁钢筋直径≤25mm

$$t = 0.383 + 0.500 = 0.883t$$

查表 1-5 AG0032（一）4.71 工日/t

$$用工数量 = 0.883 \times 4.71 = 4.16 \text{ 工日} /t$$

③ 钢筋超运距为 50m（取料点—加工点）
$t = 1t$ 查表 1-4

$$用工数量 = 1 \times 0.161 = 0.16 \text{ 工日} /t$$

④ 钢筋超运距为 50m（制作点—堆放点）
盘圆箍筋 $t = 0.117t$ 查表 1-4

$$用工数量 = 0.117 \times 0.161 = 0.02 \text{ 工日} /t$$

⑤ 钢筋超运距为 50m（制作点—堆放点）
弯成型筋 $t = 0.883t$ 查表 1-4

$$用工数量 = 0.883 \times 0.221 = 0.20 \text{ 工日} /t$$

⑥ 钢筋超运距为 130m（堆放点—安装点）
盘圆箍筋 $t = 0.117t$ 查表 1-4

$$用工数量 = 0.117 \times 0.187 = 0.02 \text{ 工日} /t$$

⑦ 钢筋超运距为 130m（堆放点—安装点）
弯成型筋 $t = 0.883t$ 查表 1-4

$$用工数量 = 0.883 \times 0.259 = 0.23 \text{ 工日} /t$$

⑧ 每吨钢筋用工数量小计 = 0.79 + 4.16 + 0.16 + 0.02 + 0.20 + 0.02 + 0.23 = 5.58 工日

⑨ 人工幅度差 = 5.58 工日 × 10% = 0.56 工日

⑩ 每吨钢筋用工数量合计 = 5.58 + 0.56 = 6.14 工日

（2）计算该工程现浇矩形梁的钢筋制安劳动力

总用工数量

$$(0.27 + 0.04 + 1.35 + 5.45 + 7.10) \times 6.14 = 87.25 \text{ 工日}$$

1.4 实训项目

项目 1-1：

选择合适工程项目与观察对象，用选择测时法测定砌筑砖多孔砖墙的工时消耗，填写测时记录表 1-6，并对测定数据进行分析整理。

项目 1-2：

选择合适工程项目、现场实际运距与观察对象，用数示法测定翻斗车运碎石的工时消耗，填写写实记录表 1-7，并对测定数据进行分析整理。

选择测时法测定记录表

表1-6

工地名称			开始时间		延续时间		调查号次	
施工单位			终止时间		记录日期		页次	
施工过程			观察对象					

号次	各组成部分名称	时间(分) 5 10 15 20 25 30 35 40 45 50 55 60	时间合计(分)	产品数量	附注
1					
2					
3				3	3
4					
5					
6					
7					
合　计					

数示法写实记录表　　　　　　　　　　表 1-7

工地名称		开始时间		延续时间		调查号次	
施工单位		终止时间		记录时间		页次	

施工过程：翻斗土运碎石至沟槽边、运距 150m　　　　观测对象：

序号	施工过程组成部分名称	时间消耗量	观察记录								观察记录		
			组成部分序号	起止时间		延续时间	完成产品		组成部分序号	起止时间		延续时间	完成产品	
				分	秒		计量单位	数量		分	秒		计量单位	数量
(1)	(2)	(3)	(4)	(5)		(6)	(7)	(8)	(9)	(10)		(11)	(12)	(13)
1	装碎石													
2	运输													
3	卸碎石													
4	空返													
5	等候装土													
6	生理需求													
7	偶然													

备注：　工程量：

　　　　机械配置：

　　　　人工配置：

项目 1-3：

背景资料：

(1) 某工程项目为现浇有梁板，采用竹模板、钢支撑，现浇有梁板面积为 135m²，板厚 120mm，板上有 150mm×150mm 方孔和直径 200mm 圆孔各 8 个，塔吊运输。

(2) 工作内容包括：①制作：选料、配线、划线、截料、弹线、砍边、平口对缝、钉木带及 30m 以内取料和制成品分类堆放等全部操作过程；②拆除：拆除支撑、模板、垫楞、卡子、钢丝、螺栓及高 3.6m 以内搭拆简单架子，并将材料分类堆放在 30m 以内的指定地点。

(3) 材料堆放点—制作点运距为 50m、制作点—堆放点运距为 50m、拆除点—堆放点运距为 180m。

(4) 测定 100m² 现浇有梁板：支撑钢铁件为 0.103t、木材为 0.235m³；竹模板接触面积为 105m²。

(5) 计算依据：《建设工程劳动定额　建筑工程—模板工程、材料运输与加工工程》详见表 1-8～表 1-10。

双轮车运输时间定额 表1-8

定额编号	AA0072	AA0176	AA0179	AA0180
项目	木材（m³）	铁件（t）	钢门窗（10m²）	定型组合钢模板（10m²）
运距≤50	0.090	0.212	0.037	0.059
每支加500	0.110	0.022	0.004	0.006

墙时间定额 表1-9

定额编号	AF0137	AF0138	AF0139	AF0140	序　号
项目	墙上留洞				
	方形		圆形		
	木模板	竹胶合板	木模板	竹胶合板	
综合	0.776	0.733	1.07	1.00	一
制作	0.476	0.433	0.769	0.700	二
拆除	0.300	0.300	0.300	0.300	三

板时间定额 表1-10

定额编号	AF0147	AF0148	AF0149	AF0150	AF0151	AF0152	序　号
项目	有梁板						
	板厚度（mm）						
	≤100			>100			
	钢模板	木模板	竹胶合板	钢模板	木模板	竹胶合板	
综合	1.43	1.98	1.91	1.66	2.17	2.10	一
制作	—	0.730	0.664	—	0.833	0.758	二
安装	1.00	0.910	0.910	1.17	1.00	1.00	三
拆除	0.430	0.337	0.337	0.498	0.337	0.337	四

注：1. 楼板仅卫生间及厨房是现浇混凝土板时，其时间定额乘以系数1.33。
　　2. 现浇框架外挑出的平板或室外走廊楼板，无悬臂梁的，按平板相应项目的标准执行；有悬臂梁的，按有梁板相应项目的标准执行。
　　3. 有梁板的标准，以梁占有梁板总工程量比例≤40％为准；如超过者，安装、拆除的时间定额乘以1.18。
　　4. 板上留洞，按墙上留洞相应项目的时间定额乘以系数0.770。
　　5. 坡屋面其坡度<10％者，不执行本标准，按相应项目的时间定额乘以系数1.10。

任务：

（1）计算每100m²现浇有梁板竹模板用工数量；

（2）计算该工程现浇有梁板的模板制作安装总用工数量。

2 材料消耗量的确定

2.1 实 训 目 标

（1）掌握材料消耗量定额的基本制定方法。
（2）会运用理论计算法进行材料消耗量计算。
（3）会进行周转材料的摊销量计算。
（4）会确定定额材料消耗量。

2.2 实 训 步 骤 与 方 法

步骤1：合理进行材料消耗量指标划分。

材料消耗指标是指完成一定计量单位的分项工程或结构构件所必需消耗的原材料、半成品或成品的数量，按用途划分为主要材料、辅助材料、周转材料和次要材料四种。其材料消耗量指标划分如图2-1所示。

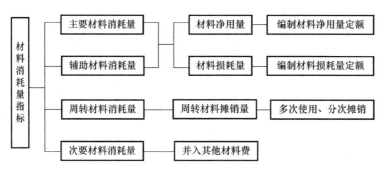

图 2-1　材料消耗量指标示意图

步骤2：确定材料消耗量的主要方法，见表2-1。

确定材料消耗量的基本方法－览表　　　　　　　　　　　　　表 2-1

序号	基本方法	基本内容	适　　用
1	现场技术测定法	是根据对材料消耗过程的测定与观察，通过完成产品数量和材料消耗量的计算，而确定各种材料消耗定额的一种方法	用于编制材料损耗定额和净用量定额
2	实验室试验法	是通过专门的实验仪器设备制定材料消耗定额的一种方法	用于在实验室条件下测定混凝土、沥青、砂浆等材料的净用量消耗定额

序号	基本方法	基 本 内 容	适 用
3	现场统计法	是根据施工过程中材料的发退料数字和完成产品的数量的统计资料,进行分析计算以确定材料消耗定额的方法	可获得消耗数据,但不能作为材料净用量定额和材料损耗定额的依据
4	理论计算法	是通过对建筑结构、构造方案和材料规格及特性的研究,用理论计算确定材料消耗定额的方法	用于确定不易产生损耗,且容易确定废料的规格材料,如块料、砖块、油毡、锯材等的消耗定额

步骤 3:材料消耗定额常用材料计算应用。

1. 砖石工程中砖和砂浆净用量一般采用以下计算公式计算:

① 计算每 $1m^3$ 一砖墙砖的净用量:

$$砖数 = \frac{1}{(砖宽 + 灰缝) \times (砖厚 + 灰缝)} \times \frac{1}{砖长}$$

计算每 $1m^3$ 一砖半墙砖的净用量:

$$砖数 = \left[\frac{1}{(砖宽 + 灰缝) \times (砖厚 + 灰缝)} \times \frac{1}{(砖长 + 灰缝) \times (砖厚 + 灰缝)} \right] \times \frac{1}{(砖长 + 砖宽 + 灰缝)}$$

② 计算每立方米砖墙砂浆用量:

$$砂浆(m^3) = (1m^3 砌体 - 砖数 \times 每块砖体积) \times 1.07$$

式中　1.07——砂浆体积折合为虚体积的系数。

2. 块料镶贴中材料面层材料消耗量计算,一般以 $100m^2$ 采用以下公式计算:

$$块料消耗量 = \frac{100}{(块料长 + 灰缝) \times (块料宽 + 灰缝)} \times (1 + 损耗率)$$

3. 现浇钢筋混凝土构件周转材料(木模板)摊销量计算

① 材料一次使用量。材料一次使用量指周转材料在不重复使用条件下的一次性用量,通常根据选定的结构设计图纸进行计算。

一次使用量 = 混凝土构件模板接触面积 $\times$ 每 $1m^2$ 接触面积模板用量 $\times$ (1 + 损耗率)

② 材料周转使用量。材料周转使用量是指周转材料使用和补损条件下,每周转一次平均需要的材料数量。

$$周转使用量 = \frac{一次使用量 + [一次使用量 \times (周转次数 - 1) \times 补损率]}{周转次数}$$

$$= \left[\frac{1 + (周转次数 - 1) \times 补损率}{周转次数} \right] \times 一次使用量$$

③ 材料回收量。材料回收量是指周转材料每周转使用一次平均可以回收材料的数量。这部分材料回收量应从摊销量中扣除,通常可规定一个合理的报价率进行折算。计算公式如下:

$$回收量 = \frac{(一次使用量) - (一次使用量 \times 损耗率)}{周转次数}$$

$$= (一次使用量) \times \left[\frac{1 - 损耗率}{周转次数} \right]$$

④ 材料摊销量。材料摊销量是指周转材料在重复使用的条件下，分摊到每一计量单位结构构件的材料消耗量。这是应纳入定额的实际周转材料消耗的数量。计算公式如下：

$$材料摊销量 = 周转使用量 - 回收量$$

4. 混凝土配合比设计的步骤

① 混凝土试配强度（$f_{cu,o}$）的确定。当混凝土设计强度系数小于 C60 时，配制强度可按下式计算：

$$f_{cu,o} = f_{cu,k} + 1.645\sigma$$

式中　$f_{cu,o}$——混凝土试配强度（MPa）；

　　　$f_{cu,k}$——设计混凝土强度标准值（MPa）；

　　　σ——混凝土强度标准值（MPa）。施工单位无历史统计资料时，σ 可按表 2-2 取值。

混凝土强度标准差 σ 值（JGJ 55—2011）（MPa）　　　　　　　表 2-2

混凝土强度标准值	≤C20	C25～C45	C50～C55
标准差 σ	4.0	5.0	6.0

注：采用本表时，施工单位可根据实际情况，对 σ 值作适当调整。

② 确定水胶比 $\left(\dfrac{W}{B}\right)$。根据已测定的水泥实际强度（$f_{ce}$），当混凝土强度等级小于 C60 时，混凝土水胶比按下列计算：

$$\frac{W}{B} = \frac{\alpha_a \cdot f_b}{f_{cu,o} + \alpha_a \cdot \alpha_b \cdot f_{ce}}$$

式中　$\dfrac{W}{B}$——混凝土水胶比；

　　　f_b——胶凝材料 28d 抗压强度可实测；

　　α_a、α_b——回归系数。其中采用碎石时，$\alpha_a = 0.53$，$\alpha_b = 0.20$；

　　　　　　采用卵石时，$\alpha_a = 0.49$，$\alpha_b = 0.13$。

无法取得水泥实际强度值时，可用下式代入：

$$f_{ce} = \gamma_c f_{ce,g}$$

式中　γ_c——水泥强度等级值的富余系数，可按实际统计资料确定；如缺乏实际资料时，可按表 2-3 取值；

　　　$f_{ce,g}$——水泥强度等级值（MPa）。

水强度等级值的富余系数　　　　　　　　　　　　　表 2-3

水泥强度等级值	32.5	42.5	52.5
富余系数	1.12	1.16	1.10

③ 选用单位用水量（m_{wo}）。按施工要求的混凝土坍落度及骨料的种类、规格，按规程 JGJ 55—2011 中对混凝土用水量的参考值选定单位用水量。

混凝土水胶比在 0.4～0.8 范围内，可按表 2-4 取值。

塑性混凝土的用水量（kg/m³）　　　　　　表 2-4

拌合物稠度		卵石最大公称直径（mm）				碎石最大公称直径（mm）			
项目	指标	10.0	20.0	31.5	40.0	16.0	20.0	31.5	40.0
坍落度 （mm）	10～30	190	170	160	150	200	185	175	165
	35～50	200	180	170	160	210	195	185	175
	55～70	210	190	180	170	220	205	195	185
	75～90	215	195	185	175	230	215	205	195

注：本表用水量采用中砂时的取值，采用细砂时每立方米混凝土用水量可增加 5～10kg，采用粗砂时，可减少 5～10kg。

④ 计算单位水泥用量（m_{co}）。

$$m_{co} = \frac{m_{wo}}{\dfrac{W}{B}}$$

式中　m_{co}——计算配合比每立方米混凝土胶材料用量（kg/m³）；

m_{wo}——计算配合比每立方米混凝土用水量；

$\dfrac{W}{B}$——混凝土水胶比。

⑤ 选用合理砂率（β_s）。

应根据骨料的技术指标，混凝土拌合物性能和化工要求，参考既有历史资料确定。当缺乏砂率的历史资料时，坍落度为 10～60mm 的混凝土，可按表 2-5 选取。

混凝土的砂率　　　　　　　表 2-5

水胶比	卵石最大公称粒径（mm）			碎石最大公称粒径（mm）		
	10.0	20.0	40.0	16.0	20.0	40.0
0.40	26～32	25～31	24～30	30～35	29～34	27～32
0.50	30～35	29～34	28～33	33～38	32～37	32～35
0.60	33～38	32～37	31～36	36～41	35～40	33～38
0.70	36～41	35～40	34～39	39～44	38～43	36～41

注：1. 坍落度大于 60mm 时，其砂率按坍落度每增大 20mm，砂率增大 1％的幅度予以调整；
2. 本表数值系数中砂的选用功率，对细砂或粗砂，可相应地减少或增大砂率。

⑥ 计算粗、细骨料用量（m_{go}、m_{so}），粗细骨料的用量可用体积法和重量法求得。

ⓐ 体积法。假定混凝土拌合物的体积等于各组成材料绝对体积和混凝土拌合物中所含空气的体积之总和。因此在计算 1m³ 混凝土拌合物的各材料用量时，可列出下式：

$$\frac{m_{co}}{\rho_c} + \frac{m_{go}}{\rho_g} + \frac{m_{so}}{\rho_s} + \frac{m_{wo}}{\rho_w} + 0.01\alpha = 1$$

又根据已知的砂率（β_s）可列出下式：

$$\beta_s = \frac{m_{so}}{m_{go} + m_{so}} \times 100\%$$

式中　m_{co}、m_{go}、m_{so}、m_{wo}——分别为每立方米所用水泥、砂子、石子、水的重量；

ρ_c——水泥密（kg/m³），可取 2900～3100kg/m³；

ρ_g、ρ_s——分别为粗、细骨料的表观密度（kg/m³）；

ρ_w——水的密度（kg/m³），可取 1000kg/m³；

α——混凝土的含气量百分数，在不使用引气型外加剂时 α 取 1；

β_s——砂率（%）。

由以上两个关系式可求出粗、细骨料的用量。

⑥ 重量法。根据经验，如果原材料情况比较稳定，所配制的混凝土拌合物的表观密度就会接近一个固定值，这就可先假设每立方米混凝土拌合物的重量（m_{cp}），可列出下式：

$$m_{co} + m_{go} + m_{so} + m_{wo} = m_{cp}$$

同样根据已知砂率可列出下式：

$$\beta_s = \frac{m_{so}}{m_{go} + m_{so}} \times 100\%$$

式中 m_{cp}——每立方米混凝土拌合物的假设重量（kg），其值可取 2350～2450kg。

由以上两个关系式可求出粗、细骨料的用量。

⑦ 配合比的调整。根据上述步骤计算，求得材料用量的计算配合比，是利用图表和经验公式初步估算出来的，与实际情况会有出入，所以必须进行试验加以检验并进行必要的调整。

5. 砌筑砂浆配合比设计的步骤

(1) 水泥混合砂浆配合比计算

① 确定砂浆的试配强度 $f_{m,o}$

$$f_{m,o} = k \cdot f_2$$

式中 $f_{m,o}$——砂浆的试配强度，精确至 0.1MPa；

f_2——砂浆强度值，精确至 0.1MPa；

k——系数按表 2-6 取值。

砂浆强度标准差 σ 及 k 值（JGJ/T 98—2010）（MPa）　　　　　表 2-6

强度等级＼施工水平	强度标准差 σ（MPa）							k
	M5	M7.5	M10	M15	M20	M25	M30	
优良	1.00	1.50	2.00	3.00	4.00	5.00	6.00	1.15
一般	1.25	1.88	2.50	3.75	5.00	6.25	7.50	1.20
较差	1.50	2.25	3.00	4.50	6.00	7.50	9.00	1.25

② 计算水泥用量 Q_C

$$Q_C = \frac{1000 \cdot (f_{m,o} - \beta)}{\alpha \cdot f_{ce}}$$

式中 Q_C——每立方米砂浆的水泥用量（kg），精确至 1kg；

f_{ce}——水泥的实测强度（MPa），精确至 0.1MPa；

α、β——砂浆的特征系数，其中 α＝3.03，β＝－15.09。

③ 计算石灰膏用量 Q_D

$$Q_D = Q_A - Q_C$$

式中 Q_D——每立方米砂浆的石灰膏用量，精确至 1kg；石灰膏使用时稠度宜为 120±5mm；

Q_A——每立方米砂浆中水泥和石灰膏的总量，精确至 1kg；可为 350kg。

④ 确定砂子用量 Q_s

每立方米砂浆中砂用量，应以干燥状态（含水率＜0.5％）的堆积密度值作为计算值。当含水率＞0.5％时，应考虑砂的含水率。

⑤ 确定用水量 Q_w

每立方米砂浆中的用水量，根据砂浆稠度等要求选用 210～310kg。

注意：ⓐ 混合砂浆中的用水量，不包括石灰膏中的水。

ⓑ 当采用细砂或粗砂时，用水量分别取上限或下限。

ⓒ 稠度小于 70mm 时，用水量可小于下限。

ⓓ 施工现场气候炎热或干燥季节，可酌量增加用水量。

（2）现场配制水泥砂浆配合比选用。

水泥砂浆材料用量可按表 2-7 选用。

每立方米水泥砂浆材料用量（kg/m³）　　　　表 2-7

强度等级	水 泥	砂	用水量
M5	200～230		
M7.5	230～260		
M10	260～290		
M15	290～330	砂的堆积密度值	270～330
M20	340～400		
M25	360～410		
M30	430～480		

注：1. M15 及 M15 以下强度等级水泥砂浆，水泥强度等级为 32.5 级；M15 以上强度等级水泥砂浆，水泥强度等级为 42.5 级；

　　2. 当采用细砂或粗砂时，用水量分别取上限或下限；

　　3. 稠度小于 70mm，用水量可小于下限；

　　4. 施工现场气候炎热或干燥季节，可酌量增加用水量。

（3）配合比试配、调整与确定

确定砂浆的试配强度 $f_{m,o}$

① 水泥混合砂浆表观密度宜适合大于 1800kg/m³，水泥砂浆表观密度宜符合大于 1900kg/m³。

②

$$\delta = \frac{\rho_c}{\rho_t}$$

$$\rho_t = Q_c + Q_o + Q_s + Q_w$$

式中　δ——砂浆配合比校正系数；

　　　ρ_t——砂浆的理论表观密度值（kg/m³）；

　　　ρ_c——砂浆实测表观密度值（kg/m³）。

如 $|\rho_c - \rho_t| \leqslant 2\%\rho_t$　　合格，试配砂浆配合比不需校正

　　$|\rho_c - \rho_t| > 2\%\rho_t$　　试配砂浆配合比需校正

试计算配合比每项材料均乘以 δ。

步骤 4：确定定额材料消耗量。

$$材料消耗量 = 材料净用量 + 损耗量$$

或　　　　　$$材料消耗量 = 材料净用量 \times (1 + 损耗率)$$

$$损耗率 = \frac{损耗量}{净用量} \times 100\%$$

2.3 参 考 案 例

案例 2-1

背景资料:

某工程钢筋混凝土现浇异形梁如图 2-2 所示,共 10 根。

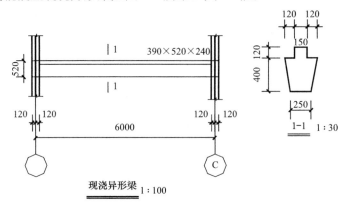

现浇异形梁 1:100

图 2-2 现浇异形梁示意图

(1) 每 10m^2 接触面积需要模板木板材 1.56m^3,制作损耗率 5%,周转次数 5 次,每次补损率为 15%;支撑木方材 0.31m^3,制作损耗率 5%,周转次数 15 次,补损率 10%。

(2) 梁面抹灰采用 1:1:6 混合砂浆抹灰,已知砂率为 35%,水泥密度为 1250kg/m^3,损耗率为 1.5%,水泥、石灰膏损耗率为 1%。

(3) 混凝土设计强度等级为 C30,使用水泥的强度等级为 42.5 普通硅酸盐水泥,碎石最大颗粒为 40mm,中砂,施工要求坍落 35~50mm,采用机械搅拌、机械振捣,施工单位无混凝土强度标准差历史统计资料,混凝土施工损耗率 1.5%。

任务:

(1) 现浇异形梁木模板摊销量。

(2) 完成异形梁抹灰所需水泥、砂、石灰膏需用量。

(3) 浇捣异形梁水泥、砂、石子需用量。

[解]:

(1) 计算异形梁木模板摊销量

① 异型梁体积

$$V = \left[\left(0.15 \times 0.12 + \frac{0.25 + 0.39}{2} \times 0.4\right) \times 5.26 + 0.39 \times 0.52 \times 0.24 \times 2\right] \times 10$$

$$= 0.938 \times 10 = 9.38\text{m}^3$$

② 模板接触面积

$$S = \left[(0.418 \times 2 + 0.25 + 0.12 \times 2) \times 5.76 + 0.39 \times 0.52 \times 2\right] \times 10$$

$$= 8.043 \times 10 = 80.43\text{m}^2$$

③ 每 $10m^3$ 木板材的一次使用量 $= \dfrac{80.43}{9.38} \times 1.56 \times (1+5\%) = 14.045m^3/m^3$

支撑木方材一次使用量 $= \dfrac{80.43}{9.38} \times 0.31 \times (1+5\%) = 2.791m^3/m^3$

④ 每 $10m^3$ 构件模板周转使用量

$$周转使用量 = 一次使用量 \times \dfrac{1+(周转次数-1)\times 补损率}{周转次数}$$

$$木模板周转使用量 = 14.045 \times \left[\dfrac{1+(5-1)\times 15\%}{5}\right] = 4.494m^2$$

$$支撑周转使用量 = 2.791 \times \left[\dfrac{1+(15-1)\times 10\%}{15}\right] = 0.447m^2$$

⑤ 每 $10m^3$ 构件周转回收量

$$周转回收量 = 一次使用量 \times \dfrac{1-补损率}{周转次数}$$

$$模板回收量 = 14.045 \times \dfrac{1-15\%}{5} = 2.388m^3$$

$$支撑回收量 = 2.791 \times \dfrac{1-10\%}{15} = 0.167m^3$$

⑥ 每 $10m^3$ 构件模板摊销量

$$摊销量 = 周转使用量 - 周转回收量$$
$$模板摊销量 = 4.494 - 2.388 = 2.106m^3$$
$$支撑摊销量 = 0.449 - 0.167 = 0.282m^3$$

(2) 计算完成异形梁抹灰所需水泥、砂、石灰膏需用量

① 砂消耗量

$$砂消耗量 = \dfrac{6}{(1+1+6)-6\times 35\%} \times (1+2\%) = 1.037m^3$$

② 水泥消耗量

$$水泥消耗量 = \dfrac{1\times 1250}{6} \times 1.037 \times (1+1\%) = 218kg$$

③ 石灰膏消耗量

$$石灰膏消耗量 = \dfrac{1}{6} \times 1.037 \times (1+1\%) = 0.175m^3$$

④ 梁抹灰面积 $S_{抹灰}$

$$梁抹灰面积 S_{抹灰} = (0.418\times 2 + 0.25)\times 5.76 \times 10 = 62.55m^2$$

⑤ 砂用量

$$砂用量 = 62.55 \times 1.037 = 64.87m^3$$

⑥ 水泥用量

$$水泥用量 = 62.55 \times 218 = 13636kg$$

⑦ 石灰膏用量

$$石灰膏用量 = 62.55 \times 0.175 = 10.95m^3$$

（3）计算浇捣异形梁水泥、砂、石子需用量

① 试配混凝土强度

$$f_{cu,o} = f_{cu,k} + 1.645\sigma$$

查表 σ 取 5

$$f_{cu,o} = 30 + 1.645 \times 5 = 38.3\text{MPa}$$

② 确定水胶比

$$\frac{W}{B} = \frac{\alpha_a \cdot f_{ce}}{f_{cu,0} + \alpha_a \cdot \alpha_b \cdot f_{ce}}$$

$$f_{ce} = \gamma_c \cdot f_{ce,g}$$

查表

$$\gamma_c = 1.16$$

$$\alpha_a = 0.53, \quad \alpha_b = 0.20$$

则：

$$\frac{W}{B} = \frac{0.53 \times 42.5 \times 1.16}{38.3 + 0.53 \times 0.20 \times 42.5 \times 1.16} = 0.60$$

③ 确定用水量，查表得初步选定该混凝土单位

用水量为 $m_{wo} = 175\text{kg}$

④ 计算单位水泥用量

$$m_{co} = \frac{m_{wo}}{\left(\dfrac{W}{B}\right)} = \frac{175}{0.60} = 291.67\text{kg}$$

⑤ 确定砂率

查表，初步选定砂率 $\beta_s = 35\%$

⑥ 计算石子、砂用量

$$\begin{cases} 291.67 + 175 + m_{go} + m_{so} = 2400 \\ \dfrac{m_{so}}{m_{go} + m_{so}} = 35\% \end{cases}$$

$$m_{go} = 1256.66\text{kg} \quad m_{so} = 676.67\text{kg}$$

⑦ 完成该批梁所需材料用量：

$$42.5 \text{ 水泥用量} = 9.38 \times (1 + 1.5\%) \times 291.67 = 2777\text{kg}$$

$$\text{中砂用量} = 9.38 \times (1 + 1.5\%) \times 676.67 = 6442\text{kg}$$

$$\text{石子用量} = 9.38 \times (1 + 1.5\%) \times 1256.66 = 11964\text{kg}$$

案例 2-2

背景资料：

（1）某省砌筑工程在计算砌体工程量按设计图示尺寸以"m³"计算，计算时有关工程量有关工程量增减计算规定见表 2-8 所示。

砌体工程量增减计算规定   表 2-8

增减形式	计算规则
应扣除	门窗洞口、过人洞、空圈、潜入墙内的钢筋混凝土柱、梁、圈梁、挑梁、过梁、止水翻边及凹进墙内的壁龛、管槽、暖气槽、消火栓箱和每个面积在 0.3m² 以上的孔洞所占的体积

增减形式	计算规则
不扣除	嵌入砌体内的钢筋、铁件、管道、木筋、铁件、钢管、基础砂浆防潮层及承台桩头、屋架、檩条、梁等伸入砌体的头子、钢筋混凝土过梁板（厚7cm内）、混凝土垫块、木楞头、沿缘木、木砖和单个面积≤0.3m²的孔洞等所占体积
应增加	突出墙身的统腰线、1/2砖以上的门窗套、二出檐以上的挑檐等的体积应并入所依附的砖墙内计算
不增加	突出墙身的窗台、1/2砖以内的门窗套、二出檐以内的挑檐等的体积

（2）计算数据的确定

1砖墙：内墙梁头、板头垫块占0.365%，0.3㎡以内孔网占0.008%；外墙梁头、板头垫块占0.125%，0.3㎡以内孔网占0.012%，凸出墙身的定额，1/2砖以内的门窗套占0.815%，墙体按墙厚划分定额，内墙与外墙比例占51%与49%。

（3）墙体材料

砖采用烧结煤砖石多孔砖240mm×115mm×90mm，砌筑砂浆利用混合砂浆M7.5，砖与砂浆施工损耗分别为2%和1%。施工水平：优良，实测强度为36MPa，砂堆积密度1450kg/m³，含水量为2%。

任务：

（1）计算1砖混水砖墙砖及砂浆定额。

（2）计算1砖混水砖墙砖水泥、砂、石灰膏用量。

[解]：

（1）计算1砖混水砖墙砖及砂浆定额消耗量

① 理论计算砖、砖浆用量

$$一砖多孔砖墙砖数 = \frac{1}{(砖宽+砖缝)×(砖厚+砖缝)} × \frac{1}{砖长}$$

$$= \frac{1}{(0.115+0.01)(0.09+0.01)} × \frac{1}{0.24} = 331 块$$

$$M7.5砂浆用量 = (1m³砌墙-砖墙×每块砖体积)×1.07$$

$$= (1-0.24×0.115×0.09×334)×1.07$$

$$= 0.182m³$$

② 计算砖砂浆耗用量

$$砖 = 334×[(1-365\%-0.008\%)×51\%+(1-0.125\%-0.012\%+0.815\%)×49\%]$$

$$= 335 块$$

$$砂浆 = 0.182×1.00142 = 0.182m³$$

③ 计算砖、砂浆定额用量

$$砖用量 = 335×(1+2\%) = 342 块$$

$$M7.5砂浆用量 = 0.182×(1+1\%) = 0.184m³$$

（2）计算1砖混水砖墙水泥、砂、石灰膏用量

① 确定砂浆的成配强度 $f_{m,o}$

$$f_{m,o} = k·f_2$$

查表2-6，$k=1.50$

$$f_2 = 7.5$$

$$f_{m,o} = 1.50 \times 7.5 = 11.25\text{MPa}$$

② 计算水泥用量 Q_C

$$Q_C = \frac{1000 \times (f_{m,o} - \beta)}{\alpha \cdot f_{ce}}$$

$$= \frac{1000 \times (11.25 + 15.09)}{3.03 \times 36} = 241\text{kg}$$

③ 计算石灰膏用量 Q_D

取 $Q_A = 350\text{kg}$，则

$$Q_D = Q_A - Q_C = 350 - 241 = 109\text{kg}$$

④ 确定砂子用量 Q_S

$$Q_S = 1450 \times (1 + 2\%) = 1479\text{kg}$$

⑤ 确定用水量 Q_W

$$Q_W = 300 - 1450 \times 2\% = 271\text{kg}$$

⑥ 1砖混水砖墙水泥、砂、石灰膏、用水量

$$水泥用量 = 0.184 \times 241 = 44\text{kg}$$

$$砂用量 = 0.184 \times 1479 = 272\text{kg}$$

$$石灰膏 = 0.184 \times 109 = 20\text{kg}$$

$$水用量 = 0.184 \times 271 = 50\text{kg}$$

2.4 实 训 项 目

实训 2-1

背景资料：

某一砖普通砖墙，经测定数据如下：

(1) 每 10m^3 一砖墙体中梁头、板头体积为 0.30m^3，预留孔洞体积 0.085m^3，突出墙面砌体 0.35m^3，附墙砖垛体积为 0.60m^3。

(2) 材料选用：墙体材料采用 M7.5 混合砂浆砌烧结矸石多孔砖（240×115×90）；突出墙面砌体与砖垛采用 M10 混合砂浆砌烧结普通砖（240×115×53）；砂浆稠度为 60～80mm，水泥采用普通硅酸盐水泥 32.5 级，实测强度 36.0MPa，砂用中砂，堆积密度为 1450kg/m^3，含水率为 1.5%；石灰膏的稠度为 120mm，施工水平优良。

(3) 烧结多孔砖施工损耗为 2%，烧结普通砖损耗率为 1%，多孔砌体用砌筑砂浆，损耗率为 5%，普通砖用砂浆损耗率为 1%，净砂损耗率为 1.5%，石灰膏损耗率为 1%，水泥损耗率为 1%。

任务：

(1) 计算每 10m^3 一砖砌体的砖及砂浆净用量。

(2) 计算每 10m^3 一砖砌体的定额消耗量。

(3) 计算每 10m^3 一砖砌体的水泥、砂、石灰膏用量。

(4) 如砖砌体砂浆设计均采用 M10 水泥砂浆，试确定每 10m^3 一砖砌体的定额消耗量

及水泥、砂用量。

实训 2-2

背景资料：

某车站柱梁结构如图 2-3 所示，共 20 根。

（1）混凝土采用现浇现拌 C30 混凝土，水泥采用普通硅酸盐水泥，强度等级 42.5，拌合物坍落度指标 35～50mm，每立方米混凝土拌合物的假定质量为 2400kg/m³。

（2）每 100m² 矩形柱（钢模板、钢支撑）模板接触面积需组合成钢模板 3950kg，模板板方材 0.35m³，钢支撑系统 5540kg，零星卡具 1345kg，木支撑系统 1.84m³。

（3）每 100m² 变截面矩形梁（木模板、木支撑）接触面积需模板板方材 4.652m³、支撑方木 16.325m³。

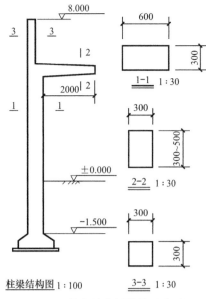

图 2-3　某车站柱梁结构示意图

任务：

（1）计算该批构件柱梁工程量。

（2）确定完成该批构件浇捣所需水泥、砂、石子、用量。

（3）计算完成该批构件柱支模所需钢模、钢支撑需用量。

（4）计算完成该批构件梁支模所需木模板、木支撑需用量。

3 机械台班消耗量的确定

3.1 实训目标

（1）掌握机械工作时间的分类。
（2）会计算各种不同机械台班工作时间。
（3）会确定定额机械台班消耗量。

3.2 实训步骤与方法

步骤1：拟定机械工作的正常施工条件。

机械工作与人工操作相比，其劳动生产率与其施工条件密切相关，拟定机械施工条件，主要是拟定施工地点的合理组织和合理的工人编制。

（1）施工地点的合理组织

是对施工地点机械和材料的放置位置、工作操作场所做出科学合理的布置和空间安排，尽可能做到最大限度地发挥机械的效能，减少工人的劳动强度与时间。

（2）拟定合理的工人编制

是根据施工机械的性能、工人的专业分工和劳动工效，在保证机械正常生产率、工人正常的劳动工效下合理的工人配置数量。

步骤2：进行机械工作时间现场实测数据。

步骤3：确定机械工作时间。

机械工作时间的消耗与工人工作时间的消耗一样分为定额时间和非定额时间，但它有自己的特点。

机械工作时间分类见图3-1。

步骤4：确定机械纯工作1h正常生产率。

1. 循环动作机械

循环动作机械是指机械重复地、有规律地在每一周期内进行同样次序的动作。如塔式起重机、混凝土搅拌机、挖掘机等。这类机械纯工作时间正常生产率的计算公式如下：

（1）机械第一次循环的工作延续时间（s）＝∑（循环各组成部分正常延续时间）－重叠时间

（2）机械纯工作1h循环次数＝$\dfrac{60\times60（s）}{一次循环的正常延续时间（s）}$

（3）机械纯工作1h正常生产率＝机械纯工作1h正常循环次数×一次循环生产的产品数量

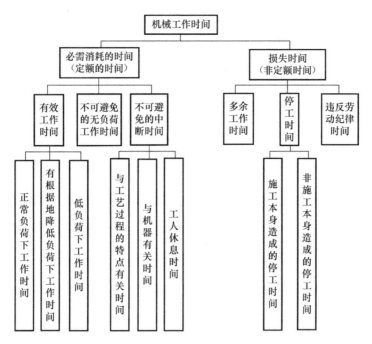

图 3-1 工人工作时间分类图

常见几种机械纯工作 1h 正常生产率（N_h）

① 推土机 $N_h = n \cdot m = \dfrac{3600}{t} \cdot \dfrac{q}{K_p}$（$m^3/h$）

式中　n——净工作 1h 的循环次数（次）；

　　　m——每次推土量（m^3）；

　　　q——理论上计算的松散体积；

　　　K_p——土最初松散系数，一般大于 1；

　　　t——每一循环的延续时间（s）。

② 铲运机 $N_h = \dfrac{3600}{t} \cdot \dfrac{q \cdot K_c}{K_p}$（$m^3/h$）

式中　q——铲斗的几何容量；

　　　K_c——铲斗装土的充盈系数。指装入铲斗内土的体积与铲斗几何容量的比值，一般
　　　　　　砂土为 0.75，其他土为 0.85～1.0。

③ 单斗挖土机 $N_h = \dfrac{3600}{t} \cdot \dfrac{q \cdot K_c}{k_p}$（$m^3/h$）

式中　q——挖斗几何容量（m^3）；

　　　K_c——挖斗挖土的充盈系数。

④ 自卸汽车 $N_h = \dfrac{3600}{t} \cdot m = \dfrac{3600}{t} \cdot \dfrac{Q_0 \cdot K_d}{P}$（$m^3/h$）

式中　m——每车定额容量即平均装载量（m^3）；

　　　Q_0——自卸汽车的设计载重量（kg）；

　　　K_d——自卸汽车重量利用系数（0.95～1）；

P——土的密度（kg/m^3）。

⑤ 机动翻斗车 $N_h = \dfrac{3600}{t} \cdot m$

式中 m——每车平均载重量（体积或重量），可通过实际观察计算。

⑥ 混凝土搅拌机 $N_h = \dfrac{3600}{t} \cdot m \cdot K_A$

式中 m——搅拌机的设计容积（m^3）；

K_A——混凝土出料系数。指混凝土出料体积与搅拌机的设计容积的比值。

2. 连续动作机械

连续动作机械是指机械工作时无规律性的周期界线，是不停地做某一种动作，如皮带运输机等。

其纯工作 1h 的正常生产率计算公式如下：

$$连续动作机械纯工作 1h 正常生产率 = \frac{工作时间内生产的产品数量}{工作时间（h）}$$

式中工作时间内的产品数量和工作时间的消耗，要通过多次现场观察和机械说明书来取得数据。

如皮带运输机 $\qquad N_h = 3600 \cdot V \cdot m \cdot K_A$

式中 V——皮带运输机的工作速度（m/s）；

m——皮带运输机平均每米承载的物料数量（kg/m 或 m^3/m）；

K_A——送料均匀系数。

步骤 5：确定机械正常利用系数。

机械的正常利用系数是指机械在工作班内对工作时间的利用率。机械的利用系数和机械在工作班内的工作状况有着密切的关系，其计算公式如下：

$$机械的正常利用系数 = \frac{机械在一个工作班纯工作时间（h）}{一个工作班延续时间（h）}$$

步骤 6：计算机械台班消耗定额。

计算机械台班消耗定额采用下列公式计算：

施工机械台班产量定额 ＝ 机械纯工作 1h 正常生产率 × 工作班纯工作时间

＝ 机械纯工作 1h 正常生产率 × 工作延续时间 × 机械正常利用系数

$$施工机械时间定额 = \frac{1}{机械台班产量定额}$$

步骤 7：计算机械工作的工人配置数量。

除机械特性所需操作工，应考虑配合人工因素。

3.3 参考案例

案例 3-1

背景资料：

（1）某履带式液压单斗反铲挖土机，斗容量 $1m^3$，进行选择测时法现场实测，具体实测数据记录见表 3-1。

（2）挖土机挖土的充盈系数为 0.95，土堆最初松散系数为 1.10，时间利用系数为 0.9。

选择测时记录表

表 3-1

观测对象	观测精度	测时方法	施工单位名称	观测日期	开始时间	终止时间	观测号次
司机：4 级工 1 人 2 级工 1 人	1s	选择测时	××建筑公司	2013.5.6	8：30	11：00	1

| 施工过程名称 | 反铲挖土机（斗容量 1m³），挖三类土，挖土深度 4m | 工程名称 | ××工程 | 数据记录整理 |

号次	工序或操作名称	每一循环的工作时间消耗										延续时间总计	有效循环次数	算术平均值	最大极值	最小极值	占每一个循环时间的百分比（%）
		1 s	2 s	3 s	4 s	5 s	6 s	7 s	8 s	9 s	10 s						
1	挖斗挖土	15	16	17	18	17	16	25	19	18	17						
2	提升挖斗并同时旋转斗臂停于卸土位置	21	20	19	21	22	30	21	19	20	19						
3	土斗卸土	5	6	5	7	6	5	6	7	6	7						
4	旋转斗臂并同时把土斗落下	10	11	12	10	12	11	15	12	11	10						
	合计																

任务：

（1）分析整理该表数据，并计算反铲挖掘机推土一循环的合计延续时间；

（2）计算挖土机台班产量定额和时间定额。

[解]：

（1）求挖土机一循环的合计延续时间

① 挖土机挖土，先剔除可疑值 25s

$$\overline{X} = \frac{1}{9}(15 + 16 + 17 + 18 + 17 + 16 + 19 + 18 + 17) = 17\text{s}$$

$$Lim_{max} = 17 + 1.0 \times (19 - 15) = 21\text{s}$$

$$Lim_{min} = 17 - 1.0 \times (19 - 15) = 13\text{s}$$

可疑值 25 大于 21，故应删除。

② 提升斗臂并旋转卸土位置，先剔除可疑性 30s

$$\overline{X} = \frac{1}{9}(21 + 20 + 19 + 21 + 22 + 21 + 19 + 20 + 19) = 20.2\text{s}$$

$$Lim_{max} = 20.2 + 1.0 \times (22 - 19) = 23.2\text{s}$$

$$Lim_{min} = 21.2 - 1.0 \times (22 - 19) = 18.2\text{s}$$

可疑值 30 大于 23.2，故应删除。

③ 土斗卸土

$$\overline{X} = \frac{1}{10}(5+6+5+7+6+5+6+7+6+7) = 6s$$

$$Lim_{max} = 6 + 1.0 \times (7-5) = 8s$$

$$Lim_{min} = 6 - 1.0 \times (7-5) = 4s$$

所有数值均有效。

④ 旋转斗臂并同时把土斗落下，先剔除可疑性 15s

$$\overline{X} = \frac{1}{9}(10+11+12+10+12+11+12+11+10) = 11s$$

$$Lim_{max} = 11 + 1.0(12-10) = 13s$$

$$Lim_{min} = 11 - 1.0(12-10) = 9s$$

可疑值 15 大于 13，故应删除。

数据记录整理见表 3-2。

选择测时记录表　　　　　　　　　　　　　　表 3-2

观测对象	观测精度	测时方法	施工单位名称	观测日期	开始时间	终止时间	观测号次
司机：4级工1人 2级工1人	1s	选择测时法	××建筑公司	2013.5.6	8：30	11：00	1

| 施工过程名称 | 反铲挖土机（斗容量1m³），挖三类土，挖土深度4m | | | 工程名称 | ××工程 | 数据记录整理 | | | | |

号次	工序或操作名称	每一循环的工作时间消耗										延续时间总计	有效循环次数	算术平均值	最大值	最小极值	占每一个循环时间的百分比（%）
		1	2	3	4	5	6	7	8	9	10						
		s	s	s	s	s	s	s	s	s	s						
1	挖斗挖土	15	16	17	18	17	16	25	19	18	17	153	9	17	21	13	30.8
2	提升挖斗并同时旋转斗臂停于卸土位置	21	20	19	21	22	30	21	19	20	19	182	9	20.2	23.2	18.2	38.4
3	土斗卸土	5	6	5	7	6	5	6	7	6	7	60	10	6	8	4	10.9
4	旋转斗臂并同时把土斗落下	10	11	12	10	12	11	15	12	11	10	99	9	11	13	9	19.9
	合计													54.2			100

（2）求挖土机台班产量

① 净工作 1h 生产率

根据计时观察的结果，每一循环延续时间为 54.2s

$$N_h = \frac{3600}{t} \cdot \frac{q \cdot K_c}{k_p}$$

$$= \frac{3600}{54.2} \times \frac{1 \times 0.95}{1.1} = 57.36 m^3/h$$

② 台班产量定额

$$N_{台班} = N_h \cdot 8 \cdot K_B = 57.36 \times 8 \times 0.9 = 413.02 m^3/台班$$

③ 台班时间定额

$$台班时间定额 = \frac{1}{N_{台班}} = \frac{2.42 台班}{1000m^3} = 2.42 \times 1000 = 2.42 台班 / 1000m^3$$

3.4 实 训 项 目

实训 3-1

背景资料：

(1) 现对某混凝土搅拌机（500L）拌合混凝土进行连续测时，具体数据记录见表 3-3；

(2) 如辅助工作时间为基本作业时间 3%，准备与结束时间、不可确定中断时间、休息时间按工作总延续时间的 2%、1.5%、9.5%，机械利用系数 0.90。

任务：

(1) 分析整理该表数据，并计算混凝土搅拌（500L）混合混凝土循环的合计工作时间；

(2) 计算搅拌机的时间定额和产量定额。

实训 3-2

背景资料：

某工程使用 500L 周期式混凝土搅拌机搅拌混凝土，每一循环工作时如下：砂、石、水泥采用翻斗车运输，运输时间为 400s，进料时间为 80s，混凝土搅拌时间为 280s，出料时间为 50s，不可避免中断时间为 60s，混凝土出料系数为 0.95，机械时间利用系数为 0.8。

任务：

(1) 计算每 1m³ 混凝土搅拌机台班时间定额和产量定额；

(2) 如翻斗车运输时间为 540s，则每 1m³ 混凝土搅拌机台班时间定额和产量定额有否变化？如变化应为多少？

(3) 如受场地限制，砂、石、水泥材料堆放地离搅拌机距离较远，在施工过程中一般可采用哪些具体措施以减少搅拌机中断时间。

实训 3-3

背景资料：

土方挖掘机与自卸汽车配合运输房屋开口开挖工程时间定额与产量定额的测定。

任务：

(1) 寻找合适观察对象；

(2) 完成下列表格测定任务；

(3) 计算挖掘机与自卸汽车的时间定额与产量定额；

(4) 思考你观察对象施工方案与组织的不合理地方，提出建议。表格形式见表 3-4。

选择合适工程项目与观察对象，进行施工过程组成部分的划分，用"图示法写实记录表"测定砌筑砖多孔砖墙的工时消耗，填写测时记录表 3-4，并对测定数据进行分析整理。

表 3-3

连续测时记录表

观测对象	观测精度	测时方法	施工单位名称	观察日期	开始时间	终止时间	延续时间	观察系统
混凝土搅拌机拌合混凝土	1s	连续法	××集团公司	2014.4.7	9：00	9：27：08	27'8"	1

施工过程名称	混凝土搅拌机（500L）拌合混凝土	工程名称	××别墅	数据记录整理

号次	工序或操作名称	时间类别	1 min	1 s	2 min	2 s	3 min	3 s	4 min	4 s	5 min	5 s	6 min	6 s	7 min	7 s	8 min	8 s	9 min	9 s	10 min	10 s	11 min	11 s	12 min	12 s	延续时间总计	有效循环次数	算术平均值	最大极值	最小极值	占每一个循环时间的百分比（%）
1	装料人数	起止时间	0	20	2	28	4	40	7	12	9	20	11	33	13	40	15	55	19	34	20	45	23	00	25	05						
		延续时间																														
2	搅拌	起止时间	1	50	3	59	6	15	8	42	10	55	13	01	15	15	18	55	20	05	22	20	24	36	26	48						
		延续时间																														
3	出料	起止时间	2	10	4	20	6	37	9	01	11	14	13	22	15	36	19	16	20	26	22	41	24	41	27	08						
		延续时间																														

选择测时法测定记录表　　　　　　　　　　　　　　　表 3-4

单位名称								测定日期				测定号次			
工程名称								开始时间				终止时间			
工程项目								测定对象							
施工过程								挖掘机挖土、卸土、自卸汽车运土							

组成部分名称		每一循环的工作时间消耗												时间整理				占循环时间百分比（%）
		1	2	3	4	5	6	7	8	9	10	11	12	时间总和	循环次数	算术平均值	算术平均修正值	
		s	s	s	s	s	s	s	s	s	s	s	s					
1	挖转臂																	
2	卸机停置																	
3	挖机移位																	
4	自卸汽车等待																	
5	运输																	
6	偶然																	
	合计																	

备注：　　工程量：　　　　　运输距离：　　　机械配置：　　　　人工配置：

4 企业定额的编制

4.1 实 训 目 标

（1）熟悉企业定额的编制原则与编制方法。

（2）熟悉企业定额的组成与编制步骤。

（3）会编制企业定额。

4.2 实 训 步 骤 与 方 法

步骤 1：成立企业定额编制领导和实施机构。

企业定额编制一般应由专业分管领导全权负责，抽调各专业骨干成立企业定额编制组（或专职部门），以公司定额编制组为主，以工程管理部、材料机械管理部、财务部、人力资源部以及各现场项目经理部配合（专业部门名称因企业不同可能有所不同）进行企业定额的编制工作，编制完成后归口部门对相关内容进行相应的补充和不断的完善。

步骤 2：制定企业定额编制详细方案。

根据企业经营范围及专业分布确定企业定额编制大纲和范围，合理选择定额各分项及其工作内容，确定企业定额各章节及定额说明，确定工程量计算规则，调整确定子目调节系数及相关参数等。

（1）明确企业定额编制原则：

① 先进性原则；

② 适用性原则；

③ 量价分离原则；

④ 独立自主编制原则；

⑤ 快捷性原则；

⑥ 动态性原则。

（2）明确企业定额内容。企业定额一般应由工程实体消耗定额、措施性消耗定额、施工取费定额、企业定额等构成。

步骤 3：明确职责，确定具体工作目标与内容。

定额编制组负责确定企业定额计算方法，测算资源消耗数量、摊销数量、损耗量，确定相关人工价格、材料价格、机械价格，汇总并完成全部定额编制文稿，测算企业定额水平，建立相应的定额消耗量库、材料库、机械台班库；工程管理部、人力资源部和材料机械管理部负责采集和整理现场资料，详细提供人工信息、机械相关参数、工序时间参数，提供临时设施、技术措施发生的费用，确定合理工期等；财务部主要负责对项目现场管理费用定额的编制，分析整理历年公司施工管理费用资料，按定额步距分别形成费用定额；各项目经理部主要负责提供现场资料，按企业定额编制组提出的要求收集本项目实际生产资料，包括人工、材料、机械以及其他现场直接费等现场实际发生的费用，资源消耗情况、劳动力分布、机械使用、能耗，同时应对收集资料的状况（环境）进行详细描述。

步骤 4：确定人工工日、材料、机械台班消耗量。

人工、材料、机械台班消耗量的确定是企业定额编制工作的关键和重点所在，企业定额编制方法见表 4-1。

企业定额编制方法 表 4-1

序号	基本方法	基本内容	适　用
1	现场观察测定法	是我国专业测定定额的常用方法，其特点是能够把现场工时消耗情况和施工组织技术条件联系起来加以观察、测时、计量和分析，以获得该施工过程的技术组织条件下工时消耗的有关技术根据的基础资料	适用于影响工程造价大的主要项目及新技术、新工艺、新施工方法的劳动力消耗和机械台班水平的测定
2	理论计算法	是通过对建筑结构、构造方案和材料规格及特性的研究，用理论计算确定材料消耗定额的一种方法	适宜于确定不易产生损耗，且容易确定废料的规格材料，如块料、锯材、砖块、水泥、钢材等的消耗定额
3	定额修正法	是以已有全国（地区）定额、行业定额等为蓝本，结合企业实际情况和工程量清单计价规范等的要求，调整定额的结构、项目范围等，在自行测算的基础上形成企业定额	适用于企业实际施工水平与传统定额所反映的定额水平相接近项目
4	经验统计法	是企业对在建和完工项目的资料数据，运用抽样统计的方法，对有关项目的消耗数据进行统计测算，最终形成自己的定额消耗数据	适用于设计方较规范的住宅，适用建筑工程中常用项目的工、料、机消耗及管理费，测定对人工幅度差、损耗率和超运距也可采用
5	造价软件法	是利用工程造价软件和有关数字建筑网站，快速计算工程量、工程造价，而且能够查出各地的人工、材料价格，还能够通过企业长期的工程资料的积累形成企业定额	适用于条件不成熟企业，可以考虑与专业公司签订协议进行合作开发或委托开发

步骤 5：整理汇总各专业定额。

各专业定额编制完成后，将定额投入到实际生产活动中进行试运行，试运行期间对出现的问题及时纠正和整改，并不断完善。试运行基本稳定后由定额编制组对各专业定额进行汇总并装订成册，正式投入运行。

步骤 6：企业定额的补充完善。

4.3　参　考　案　例

案例 4-1——某市火车站变截面椭圆锥管钢柱企业定额编制

背景资料：

1. 某市火车站工程概况

某市火车站为大型铁路枢纽，为一类建筑。站房建筑面积：155569m²，站房地下 1 层，地上 2 层，局部设夹层，建筑面积：146249m²，其中辅助用房建筑面积：8920m²，以及部分高架桥。一层为站台层，建筑地面标高为 0.000m，层高 10.00m；局部设有夹层，夹层建筑标高为 4.50m；二层为高架候车层，建筑地面标高为 10.00m，局部三层建筑标高为 19.40m，10.00m 标高以上为钢结构屋面（曲面），屋面标高为 39.300m（最高点）。详见下面示意图（图 4-1）。

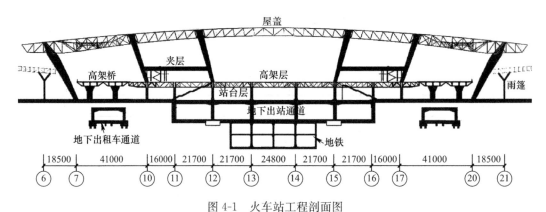

图 4-1　火车站工程剖面图

屋盖系统包括变椭圆截面椎管柱和屋盖管桁架结构体系。本案例所述变截面椭圆锥管钢柱属于屋盖钢结构系统。

屋盖整体结构示意图如图 4-2。

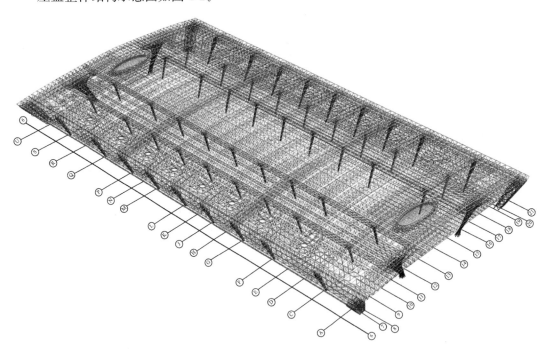

图 4-2　屋盖整体结构示意图

2. 变截面椭圆锥管钢柱概况

屋盖钢柱原设计采用钢管格构柱，在 7、10、12、15、17、20 轴各布置 9 根，共计 54 根，根据施工图设计过程中增加屋盖太阳能和商业夹层楼盖形式由钢桁架改为钢梁等变更要求，并结合屋盖专项设计过程中多方意见，将上述部位屋盖钢管格构柱改为变截面椭圆锥管钢柱，修改后柱高度及位置不变。由于椭圆锥管钢柱为变截面且体态大、重量重、材质要求高、需要采用特种设备加工制作，与原来的钢管格构柱相比钢材损耗率大，制作安装工艺新、难度大、是一种新型的钢管柱结构。没有类似定额子目可以参考，故组织企业有关人员进行企业定额的编制。

修改前的钢管格构柱形式如图 4-3 所示。

图 4-3　修改前钢管格构柱形式示意图

修改后的变截面椭圆锥管钢柱形式如图 4-4 所示。

图 4-4　修改后变截面圆锥管钢柱形式示意图

本工程变截面椭圆锥管钢柱共 54 根，分为三种类型（GZ1、GZ2、GZ3），以下以 GZ3 为例具体说明。

GZ3 总高度 33.56m，底部椭圆中心至顶部椭圆中心水平投影偏移 15.141m，底部最小椭圆尺寸为 2144mm×1170mm（长轴×短轴），顶部最大椭圆尺寸为 5808mm×4928mm（长轴×短轴），由柱底向柱顶逐渐变小，钢柱顶部为 2000mm×2000mm×25mm 的箱型，中间设十字劲板与屋盖管桁架相连，钢柱主体材质为 Q420GJC。

单根钢柱重量达 100 多吨，由于现场吊装设备及运输限制，将钢柱分成五段（包括柱顶箱体）在钢结构厂加工制作后运至施工现场拼接安装，每段控制在 20～30 吨，长度控制在 18m 以内。

变截面椭圆锥管钢柱加工制作施工过程与工艺介绍：
①厚壁椭圆锥管的展开；②厚壁椭圆锥管的成形；③钢柱的拼装；④钢柱的焊接；⑤整体钢柱预拼装。

① 厚壁椭圆椎管的展开

采用自行开发的异形面展开程序导入 AutoCAD 进行按三角展开法进行展开（展开以椭圆台钢柱壁厚中心为基准），其展开原理是：对椭圆椎管的上下截面沿周长进行等分，等分弧长控制在 50mm 以内，将椭圆椎管上下截面各等分点相连，可得若干四边形，再将各四边形一条对角线相连，可得若干三角形，最后将所有三角形转换至同一平面，得到椭圆椎管的展开尺寸。

以椭圆椎管柱（GZ3）柱顶节进行详细说明（图 4-5）。根据等分原则，将其上下端面椭圆各分成 336 等份，上椭圆等分弧长为 49mm，下椭圆等分弧长为 47mm，通过异形面展开程序自动生成展开图，见图 4-6。

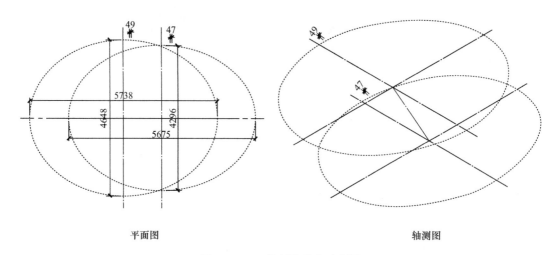

平面图   轴测图

图 4-5   GZ3 柱顶节等分示意图

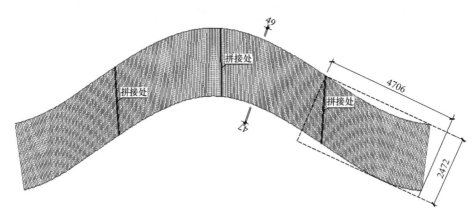

图 4-6   GZ3 柱顶节展开图

② 壁椭圆椎管的成形

ⓐ 通过计算机模型，划分各段圆弧分断点并按上下对应进行等分（等分弧长控制在 100mm 以内），通过上下对应圆弧等数等分将四段圆弧分断线和各对应等分线绘制到展开

图上，根据展开图将各折弯线划到各零件板上，每块零件板均由两段圆弧组成，故等分弧长不同，折弯时需进行折弯模具调整，见图4-7、图4-8。

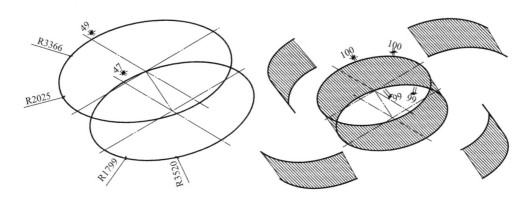

图 4-7　四段近似圆弧及钢柱分块示意图

ⓑ 椭圆锥管采用液压机配合专用模具进行逐步折弯成形，成形过程采用专用样板进行跟踪检测，液压机成形完成后，将其吊至矫正胎架上采用火焰进行成形精度矫正。操作过程中可以根据不同的等分弧长进行开口角度及间距调整，以达到多块零件板共用同一模具的作用。

③ 椭圆锥管柱的拼装

椭圆锥管柱每节由四块零件板分别切割、成形、矫正后组合而成，每一现场安装段由3～4节钢柱组成。采取了"分块定位、整段拼装、段间预拼"的施工工艺方案（即

图 4-8　零件板折弯实景

在胎架上进行每一块零件板的定位，整段钢柱在胎架上整体拼装，各段钢柱之间进行工厂预拼装）。

④ 钢柱的焊接

钢柱整段组装完成后，在胎架上进行焊接，焊接时应先焊纵向焊缝，再焊环向焊缝，环向焊缝先焊中间节之间的焊缝，再向两端方向依次施焊。

⑤ 体钢柱预拼装

焊接完成后进行整体钢柱预拼装，以确保各段钢柱现场对接口的吻合度，并将焊缝坡口、间隙等调整到最佳焊接形状，保证现场焊接质量，钢柱工厂拼装和预拼装实景见图4-9、图4-10。

任务：（1）定额子目组成部分的划分。

（2）选择测定方法，进行人工工日、材料、机械台班消耗量的测定。

图 4-9　钢柱拼装　　　　　　　　　　图 4-10　钢柱预拼装

（3）人工工日、材料、机械台班单价的确定。

（4）编制"变截面椭圆锥管钢柱"定额。

[解]：

（一）收集与整理资料

1. 本工程施工合同文件，包括：招标文件（补充招标文件、工程量清单等）、投标文件（商务标、技术标等）、施工合同、询标纪要等。

2. 计价依据：《建设工程工程量清单计价规范》GB 50500—2013、省、地区《建筑工程预算定额》《全国统一施工机械台班费用编制规则》、《市地区造价信息》等。

3. 变截面椭圆锥管钢柱施工图。

4. 变截面椭圆锥管钢柱施工方案。

5. 变截面椭圆锥管钢柱施工工艺及审查意见。

6. 特殊（定）施工机械使用说明、采购发票。

7. 变截面椭圆锥管钢柱相关施工工况及确认单。

8. 现场观察测定录像或情况说明。

9. 施工企业材料市场采购指导价。

10. 其他有关变截面椭圆锥管钢柱施工及计价的相关资料。

（二）定额子目组成部分的划分

依据变截面椭圆锥管钢柱施工概况，我们将变截面椭圆锥管钢柱定额子目分为三个项目，即：加工制作、运输、安装。

其中加工制作划分为 12 道工序：工序 1（放样、划线）、工序 2（平整）、工序 3（下料、切割）、工序 4（压制）、工序 5（校正）、工序 6（除锈）、工序 7（组装）、工序 8（焊接）、工序 9（探伤）、工序 10（打磨）、工序 11（端铣）、工序 12（预拼）。

（三）加工制作定额

1. 加工制作人工消耗量测定

人工工日消耗量的测定，按加工制作各工序所需人工耗量逐一测定。

工序 1：放样、划线

施工内容：

根据设计图纸标注尺寸和加工制造的工艺要求将零件的详细尺寸在电脑中放出，标注好尺寸出图，送车间绘制成加工图，在地上画出跟实际钢结构构件尺寸一样的线，然后把构件拼到一起。本工程共 54 根椭圆柱,合计 7668 块钢板,合计重量 6129t。

现场测定的人工消耗数量:

为了实现加工的精度及合理节省材料需要专人对每 1 块板进行电脑模拟划线,共 5 个专职人员花费 2 个月时间完成 7668 板的全部工作,合计工日 5×30×2＝300 工日。

$$工序 1 人工消耗量:300/6129 = 0.05 工日 /t$$

工序 2:平整

施工内容:

消除钢板的内应力及局部不平整弯曲。

现场测定的人工消耗数量:

采用板料校平机(16×2000)设备,配备 3 名操作工人,校平每吨钢板需 0.11 台班。

$$工序 2 人工消耗量:3×0.11 = 0.33 工日 /t$$

工序 3:切割、下料

施工内容:

该工程主要利用火焰数控切割机实行高精度的下料,根据相关国标及工艺要求,火焰提升到 800～1000℃的高温,在短时间内熔化局部钢板实现无收缩切割,该工程 7668 块钢板,合计需要切割的长度约 55340m。

现场测定的人工消耗数量:

下料切割共用 4 台设备,2 班倒施工,耗时 36 天,每台设备配备 4 名操作工人负责切割、吊装、复合、测量、编程。共耗工时 4×4×2×36＝1152 工日。

$$工序 3 人工消耗量:1152/6129 = 0.19 工日 /t$$

工序 4:压制

施工内容:

椭圆斜锥台采用液压机配合专用模具进行逐步折弯成形,成形过程采用专用样板进行跟踪检测,通过近似椭圆画法,将椭圆斜锥台上下端的椭圆截面转化成四段圆弧,将上下截面对应圆弧相连即形成了斜锥台表面的一部分,再将各段对应圆弧进行等分后相连即得到成形折弯线。划分各段圆弧分断点并按上下对应进行等分(等分弧长控制在 100mm 以内),通过上下对应圆弧等数等分将四段圆弧分断线和各对应等分线绘制到展开图上,根据展开图将各折弯线划到各零件板上,并标明各象限点和圆弧分段点位置。零件板反弹量通过试验测得。

现场测定的人工消耗数量:

椎管板压制共使用 9 台油压机,2 班倒施工,耗时 64 天完成,每台设备配备 5 名操作工人负责控制、调整压模、吊装、画线、检测,共消耗 5×9×2×64＝5760 工日。

$$工序 4 人工消耗量:5760/6129 = 0.94 工日 /t$$

工序 5:矫正

施工内容:

压制完成后,将其吊至矫正胎架上进行成形精度矫正,矫正采用火焰加热矫正,对局部偏差较大处可采用火焰加热配合外力进行矫正,热矫正时严禁用水冷却。

现场测定的人工消耗数量：

2304 块压制成型钢板均需要回火消应矫正，一般每块板需要加热及矫正时间 3h，由 5 名工人负责加热及使用千斤顶矫正，共消耗 2304×3×5/8＝4320 工日。

工序 5 人工消耗量：4320/6129 ＝ 0.7 工 /t

工序 6：除锈

施工内容：

对构件进行抛丸除锈。

参照某省 03 定额 6-78 消耗量为 0.4 工/t。

工序 6 人工消耗量：0.4 工 /t

工序 7：组装

施工内容：

椭圆斜锥台钢柱每节由四块零件板分别切割、成形、矫正后组合而成，每一现场安装段由 3～4 节钢柱组成，钢柱组装在胎架上进行，以零件板端部截面椭圆象限节对准胎架上的中心基准点进行定位。钢柱外观尺寸以内部环状加劲板和竖向加劲板为基准定位，钢柱对接处间隙和错边调整均匀，对局部偏差部位进行二次切割修整。

现场测定的人工消耗数量：

平均 8 人为 1 小组，2 人负责吊装，2 人负责修整，2 人负责点焊，2 人负责测量检验核对。8 人 1 天可施工完 1 段柱的组装工作（约 2m 长），本工程 7 轴及 20 轴钢柱净高 36m 共 18 段/根，中间 4 排柱净高 26m 共 13 段/根，合计共 18×18＋13×36＝792 段，合计消耗工日数 8×792＝6336 工日。

工序 7 人工消耗量：6336/6129 ＝ 1.03 工日 /t

工序 8：焊接

施工内容：

选用抗裂性较高的焊接材料，同时严格按照标准进行焊接材料烘焙、焊前预热、道间温度控制和焊后保温处理。焊剂烘焙温度为 300～350℃，烘焙时间为 2h，烘焙后在大气中放置时间不应超过 4h。钢柱焊前预热及道间温度的调控采用电加热器进行，并采用远红外线测温仪进行测量，钢柱预热区域为焊接坡口两侧，宽度为焊件施焊处厚度的 1.5 倍以上，且不小于 100mm；预热温度应从加热面的背面进行测量，测量点应在离电弧经过前的焊接点各方向不小于 75mm 处，焊接过程中，最低道间温度应不低于预热温度，最大道间温度不宜超过 230℃。

现场测定的人工消耗数量：

每个焊工每天使用 10kg 焊丝，每吨钢材需用 106.19t 焊丝，折合每吨人工消耗量为 106.19/10＝10.62 工日/t。

工序 8 人工消耗量：10.62 工日 /t

工序 9：探伤

施工内容：

探测金属材料或部件内部的裂纹或缺陷。利用物质的声、光、磁和电等特性，在不损害或不影响被检测对象使用性能的前提下，检测被检对象中是否存在缺陷或不均匀性，给出缺陷大小，位置，性质和数量等信息。

现场测定的人工消耗数量：

共 32940m 焊缝，平均员工每天检测 50m，共消耗工日数 32940/50＝659 工日。

$$工序 9 人工消耗量：659/6129 = 0.11 工日 /t$$

工序 10：打磨

施工内容：

使用电动角向磨光机对所有焊缝半手工打磨，所有焊缝约 32940m。

现场测定的人工消耗数量：

平均一个工人一天打磨长度约 72m，合计使用 32940/72＝457 工日。

$$工序 10 人工消耗量：457/6129 = 0.07 工日 /t$$

工序 11：端铣

施工内容：

利用端铣刀铣削工件表面，端铣时，由分布在圆柱或圆锥面上的主切削刃担任切削作用，而端部切削刃为副切削刃，起辅助切削作用。本工程所有小段拼接处均需要端铣，长度共 6480m。

现场测定的人工消耗数量：

设备行走速度为 150mm/分钟，合计需要 6480/(0.15×60×8)＝90 工日。

$$工序 11 人工消耗量：90/6129 = 0.01 工日 /t$$

工序 12：预拼

施工内容：

车间加工好的多段钢柱为了实现最小的误差让现场无施工压力，将分段制造的大柱，在出厂前进行整体或分段分层临时性组装的作业过程。预拼装是控制质量、保证构件在现场顺利安装的有效措施。大致分为场地平整、胎架搭设、构件上料、对齐、组装、点焊。构件预拼装要有较宽阔平整的场地，较大的起重设备，高于 12m 以上的作业空间和根据预拼装构件类型所设置的台架。预拼装台架应设置基础，台架上表面要平整，并保持在同一水平面上，台面高度应方便操作，使用 2 台 50t 汽车式起重机负责构件上料，所有接触面仅需点焊牢。

现场测定的人工消耗数量：

每台汽车吊配备 40 名工人，平均 1 天拼完 1 根柱，合计 54 天，扣除假日约 2.3 月完成，需要工日数 40×2.3×60＝5520 工日。

$$工序 12 人工消耗量：5520/6129 = 0.9 工日 /t$$

综上，工序 1～12 测定人工消耗量合计 15.36 工日/t。

2. 确定材料消耗量

材料 1：

① 钢柱外表壳钢板（材质：Q420GJC）

依据施工图样排版，采用接受计算机建模方法，计算钢柱外表壳采用理论计算法确定加工制作钢板用量与损耗率。

变截面椭圆锥管钢柱共 54 根，7、10、12 轴各布置 9 根，15、17、20 轴对称布置。以 G7 轴柱为例说明，示意图如下，该柱壁厚分为 25、30、35mm 三种。现取壁厚 25mm 部分作理论计算，此部分共由八块板组成，施工翻样图见图 4-11～图 4-15，1 号板为 1Z-G7-4-2d，2 号板为 1Z-G7-4-2c，3 号板为 1Z-G7-4-2b，4 号板为 1Z-G7-4-2a，5 号板为 1Z-G7-4-1d，6 号板为 1Z-G7-4-1c，7 号板为 1Z-G7-4-1b，8 号板为 1Z-G7-4-1a。理论损耗计算详见表 4-2，锥管柱外壳钢板损耗汇总表见表 4-2（部分）。

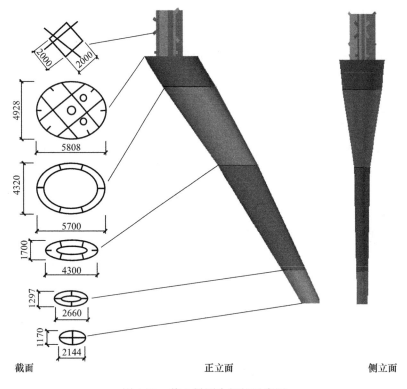

图 4-11　偏心椭圆台钢柱示意图

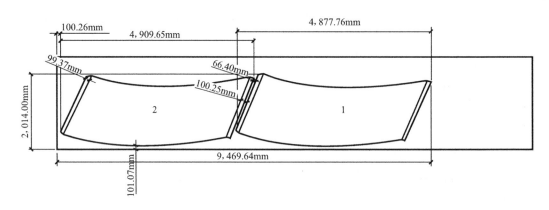

图 4-12　翻样图 1
1-1Z-G7-4-2d 翻样图；2-1Z-G7-4-2c 翻样图

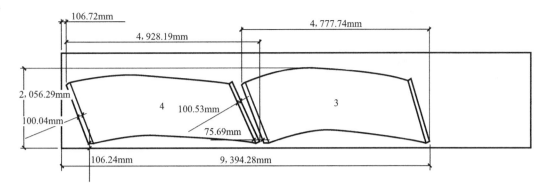

图 4-13 翻样图 2

3-1Z-G7-4-2b 翻样图；4-1Z-G7-4-2a 翻样图

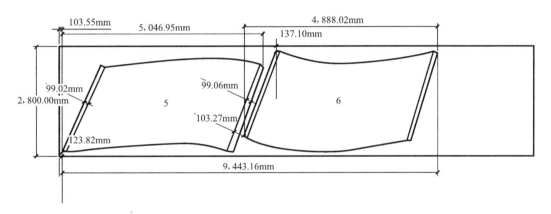

图 4-14 翻样图 3

5-1Z-G7-4-1d 翻样图；6-1Z-G7-4-1c 翻样图

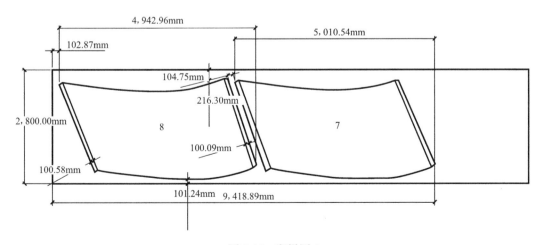

图 4-15 翻样图 4

7-1Z-G7-4-1b 翻样图；8-1Z-G7-4-1a 翻样图

锥管柱外壳钢板损耗汇总表

表 4-2

序号 (A)	钢柱位置 (B)	板编号 (C)	板厚 (mm) (D)	使用长度 (mm) (E)	使用宽度 (mm) (F)	使用重量 (mm) (G)	净面积 (m²) (H)	净重 (mm) (J)	损耗率 (K)	使用重量式 计算式 (L)	净重计算式 (M)	损耗率 计算式	位置 (m)
				一、G7 轴（C7、C20、F7、F20、G7、G20、J7、J20、L7、L20、M7、M20 共计 12 项）									
1	G7-4-1	1Z-G7-4-1b	25				8.727	1.71		=E×F×D×7.85/(1000×1000×1000)	=H×D×7.85/1000		
2		1Z-G7-4-1a	25	9418.89	2800.00	5.18	8.671	1.70	34.03%		=H×D×7.85/1000	=(G−J)/G	
3		小计					17.398	3.41					
4	G7-4-1		25				8.539	1.68			=H×D×7.85/1000		G7 轴： 21.426— 24.94
5		1Z-G7-4-1c	25	9443.16	2800.00	5.19	8.874	1.74	34.14%		=H×D×7.85/1000	=(G−J)/G	
6		小计					17.413	3.42					
7	G7-4-2	1Z-G7-4-2b	25				6.633	1.30			=H×D×7.85/1000		
8		1Z-G7-4-2a	25	9394.28	2056.29	3.79	6.380	1.25	32.64%		=H×D×7.85/1000	=(G−J)/G	
9		小计					13.013	2.55					
10	G7-4-2	1Z-G7-4-2d	25				6.478	1.27			=H×D×7.85/1000		
11		1Z-G7-4-2c	25	9469.64	2014.00	3.74	6.525	1.28	31.82%		=H×D×7.85/1000	=(G−J)/G	
12		小计					13.003	2.55					

以此类推，1WZ-G12-1-7 a～d、1WZ-G12-1-1 a～d、1WZ-G12-1-11 a～d 翻样图见图 4-16～图 4-18，板厚为 50mm，该锥管钢柱外壳板的其他损耗率计算过程（略）。

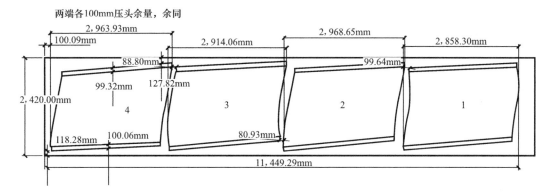

图 4-16　翻样图 5

1-1WZ-G12-1-7d；2-1WZ-G12-1-7c；3-1WZ-G12-1-7b；4-1WZ-G12-1-7a

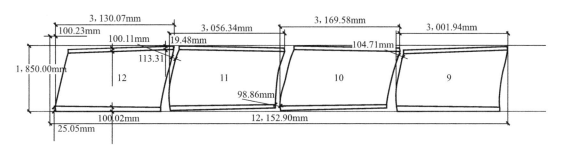

图 4-17　翻样图 6

9-1WZ-G12-1-1d；10-1WZ-G12-1-1c；11-1WZ-G12-1-1b；12-1WZ-G12-1-1a

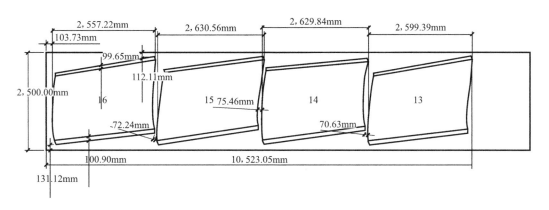

图 4-18　翻样图 7

13-1WZ-G12-1-11d；14-1WZ-G12-1-11c；15-1WZ-G12-1-11b；16-1WZ-G12-1-11a

② 钢柱内环板（材质：Q345GJC）

因变截面椭圆锥管钢柱内环板与常规钢结构构件类似，故采用定额参照法确定其损耗率，即按钢结构定额损耗率 6%。

综上，钢柱外表壳钢板、内环板用材消耗量计算（表4-3）。

锥管柱损耗计算汇总表　　　　　　　　　　　　表4-3

序号	构件名称	单根净用量	单根使用量	个数	合计净用量	合计使用量	损耗量	损耗率	备注
1	7、20轴外壳钢板	74.78	108.68	18	1346.04	1956.24	610.22	45.33%	损耗率＝损耗量/净用量
2	10、17轴外壳钢板	54.29	75.37	18	977.22	1356.66	379.44	38.83%	
3	12、15轴外壳钢板	63.56	87.19	18	1144.08	1569.42	425.34	37.18%	
4	内环板				2661.66	2821.36	159.70	6.00%	
5	合计				6129.00	7703.68	1574.68	25.69%	
总结	外壳平均损耗	40.81%	外壳权重		0.57	外壳消耗量			0.797
	内环板平均损耗	6.00%	外壳权重		0.43	内环板消耗量			0.460

材料2：

胎架（材质：Q235）

胎架是方便上面钢构件装配焊接用的支架。胎架钢材耗用量根据施工翻样图采用理论计算法确定。图4-19为横卧锥管柱下的钢板部分。

图4-19　横卧锥管柱下的钢板部分示意图

① 7胎架用材消耗量计算（表4-4）。

某站锥管G7柱胎架用量计算式　　　　　　　　　　表4-4

椭圆管柱编号	构件编号	长度（mm）	宽度（mm）	厚度（mm）	净重量（kg）	面积（mm²）
G7-1	G7-1-1-a	2844	1148	36	923	3264912
	G7-1-1-b	2946	1148	36	956	3382008
	G7-1-1-c	3117	1148	36	1011	3578316
	G7-1-2-a	3117	1148	36	1011	3578316
	G7-1-2-b	3238	1148	36	1050	3717224
	G7-1-2-c	3360	1148	36	1090	3857280

椭圆管柱编号	构件编号	长度（mm）	宽度（mm）	厚度（mm）	净重量（kg）	面积（mm²）
G7-2	G7-2-1-a	3361	1350	36	1282	4537350
	G7-2-1-b	3497	1350	36	1334	4720950
	G7-2-1-c	3633	1350	36	1386	4904550
	G7-2-2-a	3633	1350	36	1386	4904550
	G7-2-2-b	3770	1350	36	1438	5089500
	G7-2-2-c	3907	1350	36	1491	5274450
	G7-2-3-a	3907	1350	36	1491	5274450
	G7-2-3-b	4044	1350	36	1543	5459400
	G7-2-3-c	4180	1350	36	1595	5643000
	G7-2-4-a	4180	1350	36	1595	5643000
	G7-2-4-b	4317	1350	36	1647	5827950
	G7-2-4-c	4453	1350	36	1699	6011550
	G7-2-5-a	4453	1350	36	1699	6011550
	G7-2-5-b	5590	1350	36	2133	7546500
	G7-2-5-c	4727	1350	36	1803	6381450
	G7-2-6-a	4727	1350	36	1803	6381450
	G7-2-6-b	4864	1350	36	1856	6566400
	G7-2-6-c	5000	1350	36	1908	6750000
G7-3	G7-3-1-a	5001	1860	36	2629	9301860
	G7-3-1-b	5187	1860	36	2726	9647820
	G7-3-1-c	5373	1860	36	2824	9993780
	G7-3-2-a	5373	1860	36	2824	9993780
	G7-3-2-b	5537	2060	36	3223	11406220
	G7-3-2-c	5700	2160	36	3479	12312000
	G7-3-3-a	5700	2360	36	3802	13452000
	G7-3-3-b	5887	2360	36	3926	13893320
	G7-3-3-c	6073	2560	36	4394	15546880
	G7-3-4-a	6073	2560	36	4394	15546880
	G7-3-4-b	6237	2760	36	4865	17214120
	G7-3-4-c	6400	2860	36	5173	18304000
G7-4	G7-4-1-a	6400	2964	36	5361	189696000
	G7-4-1-b	6432	2964	36	5388	19064448
	G7-4-1-c	6463	2964	36	5414	19156332
	G7-4-2-a	6463	2964	36	5414	19156332
	G7-4-2-b	6486	2964	36	5433	19224504
	G7-4-2-c	6508	2964	36	5451	19289712
				总重	111847	
				合计	447389	共 4 副

② 10 胎架用材消耗量计算，见表 4-5。

某站锥管 G10 柱胎架用量计算式　　　　　　　　　　　表 4-5

椭圆管柱编号	构件编号	长度（mm）	宽度（mm）	厚度（mm）	净重量（kg）	面积（mm²）
G10-1	G10-1-1-1-a	2892	1520	36	1242	4395840
	G10-1-1-1-b	2968	1520	36	1275	4511360
	G10-1-1-1-c	3044	1520	36	1308	4626880
	G10-1-1-2-a	3044	1520	36	1308	4626880
	G10-1-1-2-b	3120	1520	36	1340	4742400
	G10-1-1-2-c	3195	1520	36	1372	4856400
	G10-1-2-1-a	3196	1520	36	1373	4857920
	G10-1-2-1-b	3264	1520	36	1402	4961280
	G10-1-2-1-c	3332	1520	36	1431	5064640
	G10-1-2-2-a	3332	1520	36	1431	5064640
	G10-1-2-2-b	3405	1520	36	1463	5175600
	G10-1-2-2-c	3478	1520	36	1494	5286560
G10-2	G10-2-1-a	3479	1703	36	1674	52924737
	G10-2-1-b	3549	1703	36	1708	6043947
	G10-2-1-c	3619	1703	36	1742	6163157
	G10-2-2-a	3619	1703	36	1742	6163157
	G10-2-2-b	3690	1703	36	1776	6284070
	G10-2-2-c	3760	1703	36	1810	6403280
	G10-2-3-a	3760	1703	36	1810	6403280
	G10-2-3-b	3826	1703	36	1841	6515678
	G10-2-3-c	3892	1703	36	1873	6628076
G10-3	G10-3-1-a	3892	1767	36	1943	6877164
	G10-3-1-b	3965	1767	36	1980	7006155
	G10-3-1-c	4038	1767	36	2016	7135146
	G10-3-2-a	2371	738	36	494	1749798
	G10-3-2-b	2371	738	36	494	1749798
	G10-3-2-c	2371	738	36	494	1749798
	G10-3-1-d	2371	738	36	494	1749798
	G10-3-1-e	2371	738	36	494	1749798
				总重	40826	
				合计	163306	共 4 副

③ 12 胎架用材消耗量计算，表 4-6。

某站锥管 G12 柱胎架用量计算式　　　　　　　　　　　表 4-6

椭圆管柱编号	构件编号	长度（mm）	宽度（mm）	厚度（mm）	净重量（kg）	面积（mm²）
G12-1	G12-1-1-a	2892	1468	36	1200	4245456
	G12-1-1-b	2937	1468	36	1233	4364364
	G12-1-1-c	3054	1468	36	1267	4483272
	G12-1-2-a	3054	1468	36	1267	4483272
	G12-1-2-b	3135	1468	36	1301	4602180

椭圆管柱编号	构件编号	长度（mm）	宽度（mm）	厚度（mm）	净重量（kg）	面积（mm²）
G12-1	G12-1-2-c	3216	1468	36	1334	4721088
	G12-1-3-a	3216	1468	36	1334	4721088
	G12-1-3-b	3264	1468	36	1354	4791552
	G12-1-3-c	3311	1468	36	1374	4860548
	G12-1-4-a	3311	1468	36	1374	4860548
	G12-1-4-b	3414	1468	36	1416	5011752
	G12-1-4-c	3517	1468	36	1459	5162956
G12-2	G12-2-1-a	3517	1716	36	1706	6035172
	G12-2-1-b	3597	1716	36	1744	6172452
	G12-2-1-c	3677	1716	36	1783	6309732
	G12-2-2-a	3677	1716	36	1783	6309732
	G12-2-2-b	3749	1716	36	1818	6433284
	G12-2-2-c	3820	1716	36	1852	6555120
	G12-2-3-a	3820	1716	36	1852	6555120
	G12-2-3-b	3892	1716	36	1887	6678672
	G12-2-3-c	3964	1716	36	1922	6802224
	G12-2-4-a	3964	1716	36	1922	6802224
	G12-2-4-b	4036	1716	36	1957	6925776
	G12-2-4-c	4108	1716	36	1992	7049328
G12-3	G12-3-1-a	4108	1846	36	2143	7583368
	G12-3-1-b	4144	1846	36	2162	7649824
	G12-3-1-c	4180	1846	36	2181	7716280
	G12-3-2-a	4180	1846	36	2181	7716280
	G12-3-2-b	4240	1846	36	2212	7827040
	G12-3-2-c	4300	1846	36	2243	7937800
	G12-3-3-a	2418	713	36	487	1724034
	G12-3-3-b	2418	713	36	487	1724034
	G12-3-3-c	2418	713	36	487	1724034
	G12-3-3-d	2418	713	36	487	1724034
	G12-3-3-e	2418	713	36	487	1724034
					53691	
				合计	214762	共 4 副

综上，胎架 G7 重量合计 447.389t，G10 重量合计 163.306t，G12 重量合计 214.762t，合计 825.46t。

每吨钢结构柱需消耗胎架用材：825.46t/6129t＝0.135t

因胎架采用定额损耗 6%，故钢柱制作中胎架消耗量应为：0.135t/1.06＝0.127t。

材料 3：其他材料

依据钢柱制作工艺，除钢柱外表壳钢板、钢柱内环板、胎架、钢丸外，其余材料为焊丝、氧气、乙炔气、螺栓等其他材料，因其在每吨钢结构柱制作总材料价中占比小，故采用定额消耗量确定。

3. 确定机械台班消耗量

机械 1: 油压机 2000t

油压机 2000t 在以往钢结构施工中很少用到,因而没有定额或经验数据可采纳,需采用现场观察测定法确定其台班消耗量。

选取编号为 19 的钢板压制,最终压制耗用时间 4 小时 50 分钟。

机械 2: 火焰气割机

火焰切割机在钢结构制作中较少用到,采用现场观察测定法确定台班消耗量,观察确定的台班消耗量为 0.05 台班/t。

机械 3: 抛丸机

因抛丸为常规工艺,故采用定额消耗量,按某省定额 6-78,抛丸机台班消耗量为 0.15 台班/t。

机械 4: 其他机械

除上述机械外,其他机械根据实际采用定额修正法。

① 起重机:

基本定额采用门式起重机 10t 内、门式起重机 20t 内,实际因锥管柱构件体积大、重量重,故采用门式起重机 50t、汽车式起重机 50t 配置,根据现场观察台班消耗量分别为 0.45 台班/t、0.08 台班/t。

② 轨道平车 10t、板料校平机 16×2000、电动空气压缩机按常规使用,故消耗量采用基本定额数据。

③ 电焊机:

因工艺不同,实际使用了 CO_2 气体保护焊机替代了基本定额中的交流电焊机 42kV·A,根据现场观察,其台班消耗量与基本定额基本一致,故按基本定额消耗量。

④ 其他:

基本定额中的摇臂钻床 Φ50、剪板机 40×3100、型钢剪断机 500、刨边机 12000mm 因实际未使用,故其消耗量取消。同时取消的还有基本定额中的其他机械费。

4. 编制企业定额单位估价表

依据测定的人工工日、材料、机械台班消耗量,依据市场人工工日、材料、机械台班的实时价格,结合企业自身施工与管理水平,编制企业定额单位估价表,见表 4-7。

(1) 2000t 油压机台班单价

① 折旧费。

折旧费 = [机械预算价格×(1-残值率)×时间价值系数]/设备耐用台班

该设备预算价格为 RMB700 万元,残值率按 1993 年国家相关文件规定特大机械为 3%,设备按 12.86 年折旧计算,每年按工作 168 个台班:

$$时间价值系数 = 1+0.5×年贷款利率×(折旧年限+1)$$
$$= 1+0.5×5.31\%×(12.86+1) = 1.368$$

折旧费 = [700×(1-3%)×1.368]×10000/(12.86×168) = 4300.28 元/台班

② 大修理费。

$$大修理费 = (一次大修费×大修次数)/设备耐用台班$$

该设备大修费为 RMB60 万/台,大修周期一般为 6 年。

变截面椭圆锥管钢柱加工制作、运输、安装

表 4-7

工作内容：1. 加工制作：放样，平整，下料，压制、校正、除锈，组装，焊接，探伤、打磨、端铣，预拼。2. 运输：（实训完成）3. 安装：（实训完成）。

单位：T

定额编号				Q-X1	Q-X2	Q-X3
工程项目名称				加工制作	运输	安装
基价				9141.73		
其中	人工费 材料费 机械费			472.80 4177.92 4491.01		
名称		单位	单价（元）	消耗量		
人工	二类人工	工日	30.00	15.76		
材料	钢板 Q420GJC	t	2889.00	0.797		
	钢板 Q345GJC	t	2889.00	0.46		
	焊丝	kg	3.35	111.84		
	氧气	m^3	3.27	13.98		
	乙炔气	m^3	17.9	6.08		
	钢丸	kg	3.28	14.68		
	胎架	kg	2.73	127.36		
	钢板残值回收	t	2000.00	-0.20		
	其他材料费	元	15.4	1		
机械	门式起重机 50t	台班	977.93	0.45		
	汽车式起重机 50t	台班	2297.21	0.08		
	轨道平车 10t	台班	60.94	0.28		
	板校平机 16×2000	台班	1278.91	0.11		
	CO_2 气体保护焊机	台班	111.12	5.00		
	电动空气压缩机	台班	346.14	0.08		
	抛丸机	台班	846.70	0.15		
	火焰切割机	台班	180.76	0.05		
	油压机 2000t	台班	5750.16	0.52		
	其他机械费	台班	0.00	0.00		

注：其中 2000t 油压机、火焰切割机台班单价进行了测算，测算方法如下。

$$大修费 = 60 \times 2 \times 10000/(12.86 \times 168) = 555.56 元 / 台班$$

③ 经常修理费。

经常修理费＝大修理费×设备年修理费系数。设备年修理费系数 $K=0.52$

$$经常修理费 = 555.56 \times 0.52 = 288.89 元 / 台班$$

④ 燃料动力费。

$$燃料动力费 = 设备每小时耗电量 \times 每台班工作小时 \times 电费定额单价$$

由于该设备每小时耗电量为 110 度/h，每台班工作 8h。

$$燃料动力费 = 110 \times 8 \times 0.688 = 605.44 元 / 台班（1.1 指电费 0.688 元 / 度）$$

⑤ 人工费。

根据 2000t 油压机特点，所需机上人工因所加工制作的产品不同而不同，因此，人工

费在钢结构的加工制作中统一考虑，在此不再计算。

2000t 油压机台班单价合计：4300.28＋555.56＋288.89＋605.44＝5750.16 元/台班

（2）火焰切割机台班单价

① 折旧费。

折旧费 ＝［机械预算价格×（1－残值率）×时间价值系数］/ 设备耐用台班

该设备预算价格为 RMB58000 元，残值率按 1993 年国家相关文件规定大机械为 3％，设备按 7 年折旧计算，每年按工作 168 个台班，

折旧费 ＝［58000×（1－3％）］/（7×168）＝ 47.84 元 / 台班

② 大修理费。

大修理费 ＝（一次大修费×大修次数）/ 设备耐用台班

该设备大修费为 RMB8000/台，大修周期一般为 1 年。

大修费 ＝ 8000/168 ＝ 47.62 元 / 台班

③ 经常修理费。

经常修理费＝大修理费×设备年修理费系数。设备年修理费系数 $K＝0.52$

经常修理费 ＝ 47.62×0.52 ＝ 24.76 元 / 台班

④ 燃料动力费。

燃料动力费 ＝ 设备每小时耗电量×每台班工作小时×电费定额单价

由于该设备每小时耗电量为 11 度/h，每台班工作 8h。

燃料动力费 ＝ 11×8×0.688 ＝ 60.54 元 / 台班（1.1 指电费 0.688 元 / 度）

火焰切割机台班单价合计：47.84＋47.62＋24.76＋60.54＝180.76 元/台班

⑤ 人工费。

根据机械特点，人工费在钢结构的加工制作中统一考虑，在此不再计算。

4.4 实 训 项 目

实训 4-1：依据以上背景资料，补充参考数据：

1. 采用 20t 载重汽车、50t 汽车式起重机和 50t 平板拖车组场外运输，运距 20km。

2. 安装采用 250t 履带式起重机，人工配合。参考台班单价如下：

（1）折旧费。

折旧费 ＝［机械预算价格×（1－残值率）×时间价值系数］/ 设备耐用台班

该设备预算价格为 RMB960 万元，残值率按 1993 年国家相关文件规定特大机械为 3％，设备按 10 年折旧计算，每年按工作 225 个台班。

时间价值系数 ＝ 1＋0.5×年贷款利率×（折旧年限＋1）

＝ 1＋0.5×5.31％×（10＋1）＝ 1.292

折旧费 ＝［960×（1－3％）×1.292］×10000/（10×225）＝ 5347.36 元 / 台班

（2）大修费。

大修理费＝（一次大修费×大修次数）/设备耐用台班，该设备大修费 $K＝5.28$，大修周期一般为 6 年。

大修费 ＝（960/5.28）×10000/（10×225）＝ 808.63 元 / 台班

（3）经常修理费。

经常修理费＝大修理费×设备年修理费系数。设备年修理费 K＝1.84。

$$经常修理费 = 808.63 \times 1.84 = 1487.89 元 / 台班$$

（4）燃料动力费。

该设备每台班工作 8h，耗柴油 168kg，柴油按 2.75 元/kg。

$$燃料动力费 = 设备每小时耗电量 \times 每台班工作小时 \times 电费定额单价$$

$$燃料动力费 = 168 \times 2.75 = 462 元 / 台班$$

（5）人工费。

$$人工费 = 每台班机上人工 \times 定额人工单价$$

该大型设备每台塔吊配置 2 名操作人员。

$$人工费 = 2 \times 26 = 52 元 / 台班$$

250t 履带式起重机台班单价合计：5347.36＋808.63＋1487.89＋462＋52＝8157.89 元/台班

任务：

（1）编制变截面椭圆锥管钢柱运输、安装定额。

（2）结合你所在省或地区实际情况编制变截面椭圆锥管钢柱加工制作定额。

5 预算定额的编制

5.1 实训目标

（1）熟悉预算定额编制步骤和方法
（2）会确定预算定额人工工日消耗量
（3）会确定预算定额材料消耗量
（4）会确定预算定额机械台班消耗量

5.2 实训步骤与方法

步骤1：做好预算定额编制的收集资料和准备工作。

步骤2：确定预算定额的编制细则。

包括：统一编制格式、编制方法、计算口径、计量单位、计算精度、分项工程名称、专业术语、定额编号等。

步骤3：确定预算定额的项目划分和工程量计算规则。

步骤4：确定预算定额的人工消耗量。

人工的工日数可以有两种确定方法：

（1）第一种是以劳动定额为基础确定。其计算公式如下：

人工工日消耗量 = 基本用工 + 辅助用工 + 超运距用工 + 人工幅度差

式中　基本用工——指完成单位合格产品必须消耗的技术工种用工。包括完成定额计量单位的主要用工、按定额规定应增加计算的用工和由于定额编制内容扩大而需另外增加的用工三个部分；

其他用工——包括辅助用工、超运距离用工和人工幅度差。

辅助用工 = $\sum$（材料加工数量×相应劳动定额）

超运距 = 预算定额取定运距 − 劳动定额已包括运距

超运距用工 = $\sum$（起运距材料数量×超运距劳动定额）

人工幅度差 =（基本用工 + 辅助用工 + 超运距用工）× 人工幅度差系数

其中，人工幅度差系数一般为 10%～15%。

（2）第二种方法：是以现场观察测定资料为基础计算。

步骤5：确定预算定额的材料消耗量。

材料消耗量 = 材料净用量 + 损耗量

或：　　　　材料消耗量 = 材料净用量×（1 + 损耗率）

$$损耗率 = 损耗量 / 净用量 \times 100\%$$

步骤6：确定预算定额的机械台班消耗量。

以施工机械基本耗用台班为基础确定。其计算公式如下：

预算定额机械台班消耗量 = 施工机械台班基本占用台班(1 + 机械幅度差系数)

其中，机械幅度差系数取值：土方机械 25%；吊装机械 30%；钢筋加工机械 10%；木材加工机械 10%。

注意：垂直运输的塔吊、卷扬机带架、砂浆混凝土搅拌机由于按小组配用，应按小组产量计算，台班产量不另增加机械幅度差。计算公式如下：

$$分项工程定额机械台班消耗量 = \frac{分项定额计量单位值}{小组总人数 \times \sum(分项计算取定比重 \times 劳动定额综合产量)}$$
$$= \frac{分项定额计量单位值}{小组总产量}$$

5.3 参 考 案 例

案例 5-1

背景资料：

某单元房屋工程平面如图 5-1 所示：墙体 M5.0 混合砂浆砌筑多孔砖普通砖（240×115×90），所有外墙门窗顶标高设置 240×240 圈梁一道，门窗洞口尺寸 M1(1500×2400)，C1(1500×1500)。砌筑该砖墙技术测定资料如下（未注明尺寸单位为 mm）：

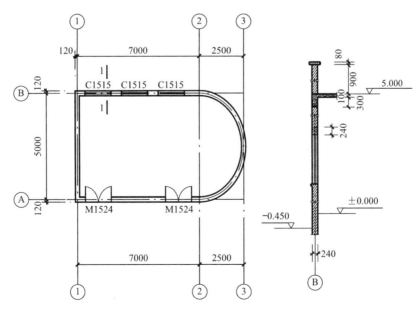

图 5-1　某单元房屋工程平面示意图

（1）完成 1m³ 的砖墙需要作业时间 7.2h，作业放宽时间占作业时间的 5%，准备结束时间和休息宽放时间分别占工作延续时间的 3% 和 12%，多余偶然时间占工作延续时间的 1%，超运距每千块需耗时 2h，人工幅度差为 10%。

（2）砌砖采用 M5.0 混合砂浆，混凝土多孔砖规格为 240×115×90，砂浆折算系数为 1.07，砖与砂浆损耗率分别为 2% 和 5%，完成 1m³ 砌体需水消耗量 0.1m³，其他材料费为砖、砂浆、水、材料费之和的 2%。砂浆稠度为 70～90mm，原材料为：水泥用普通水泥 32.5 级，实测强度 36.0MPa，砂用中砂，堆积密度为 1450kg/m³，含水率为 2%，石灰膏稠度为 120mm，施工水平优良。

（3）砂浆采用 400L 搅拌机现场搅拌，运料 200s、装料 45s、搅拌 95s、卸料 40s、不可避免中断 15s、工人超时搅拌 10s、机械利用系数 0.8，幅度差系数为 12%。

（4）砖砌体在砌筑中需增加工日规定如表 5-1 所示。

砖砌体在砌筑中需增加的工日 表 5-1

序 号	项 目	计量单位	说 明		工 日
1	外墙门窗洞口面积＞30%	m³	门窗面积		0.06
			外墙总面积（不包括女儿墙）×100%		
2	弧形与圆形礅	10m	不分墙高与墙厚，按旋中心线计算，不包括装礅模人工		0.3
3	弧形与圆形墙	m³	按弧形与圆形的砌体部分计算		0.13

（5）人工工日单价为 60 元/工日，M5 混合砂浆单价 181.66 元/m³，多孔砖单价 430 元/千块，水单价 2.95 元/m³，400L 砂浆搅拌机台班单价 64.74 元/台班。

任务：

（1）计算砌筑 1m³ 砖墙施工定额的人工、材料、机械台班消耗量；

（2）计算砌筑 1m³ 砖墙预算定额的人工、机械台班消耗量；

（3）计算完成该工程外墙砌筑所需预算费用。

[解]：

（1）计算砌筑 1m³ 砖墙施工定额的人工、材料、机械台班消耗量

1）1m³ 砌筑外墙人工消耗量

$$t = 7.2 \times (1 + 5\%) + t \times (3\% + 12\%)$$
$$t = 8.89(h) = 1.11 \text{ 工日}$$

2）1m³ 砌筑圆弧外墙人工消耗量

$$t = 1.11 + 0.13 = 1.24 \text{ 工日}$$

3）1m³ 砌筑外墙材料消耗量

① 多孔砖消耗量： $0.332 \times (1 + 2\%) = 0.339$ 千块

$$\text{多孔砖净用量} = \frac{1}{(0.115 + 0.01) \times (0.09 + 0.01)} \times \frac{1}{0.24} = 0.332 \text{ 千块}$$

② M5 混合砂浆： $(1 - 0.24 \times 0.115 \times 0.09 \times 332) \times 1.07 \times 1.05 = 0.197\text{m}^3$

1m³ M5 混合砂浆、水泥、石灰膏、砂、水用量

ⓐ 确定试配强度 $f_{m,o}$

砂浆设计强度 $f_2=5.0$ 施工水平优良查表可得 $\sigma=1.00MPa$，$k=1.15$，则

$$f_{m,o} = k \cdot f_2 = 1.15 \times 5.0 = 5.75MPa$$

ⓑ 计算水泥用量 Q_C

由 $\alpha=3.03$，$\beta=-15.09$ 得：

$$Q_C = \frac{1000(f_{m,o} - \beta)}{af_{ce}} = \frac{1000 \times (5.75 + 15.09)}{3.03 \times 36.0} = 191kg \quad 取\ 200kg$$

ⓒ 计算石灰膏用量 Q_D

取 $Q_A=350kg$，则

$$Q_D = Q_A - Q_C = 350 - 200 = 150kg$$

ⓓ 确定砂子用量 Q_S

$$Q_S = 1450 \times (1 + 2\%) = 1479kg$$

ⓔ 确定用水量 Q_W

可选取 300kg，扣除砂中所含的水量，拌合用水量为

$$Q_W = 300 - 1450 \times 2\% = 271kg$$

1m³ M5 砌筑外墙 　　　　水泥用量 $=0.197 \times 200 = 39kg$

石灰膏用量 $= 0.197 \times 150 = 30kg$

砂用量 $= 0.197 \times 1479 = 291kg$

③ 水：　　　　　　　　$0.1 + 0.197 \times 0.271 = 0.15m^3$

4）1m³ 砌筑外墙机械台班消耗量

400 升搅拌机一次循环时间 $= 45 + 95 + 40 + 15 = 195s < 200s$，取 200s

循环次数 $= 3600/200 = 18$ 次

1m³ 墙的台班消耗量 $= \frac{1}{46.08} \times 0.197 = 0.0043m^3$ 台班 $/m^3$

1h 正常生产率 $= 18 \times 0.4 \times 1 = 7.2m^3/h$

台班产量 $= 7.2 \times 8 \times 0.8 = 46.08m^3/$ 台班

（2）计算砌筑 1m³ 砖墙预算定额的人工、机械台班消耗量

① 1m³ 砌筑外墙人工消耗量

$$t = \left(1.11 + \frac{2}{8} \times 0.339\right) \times (1 + 10\%) = 1.31\ 工日\ /m^3$$

② 1m³ 砌筑圆弧外墙人工消耗量

$$t = \left(1.24 + \frac{2}{8} \times 0.339\right) \times (1 + 10\%) = 1.46\ 工日\ /m^3$$

③ 1m³ 砌筑外墙机械台班消耗量

$$\frac{1}{46.08} \times 0.197 \times (1 + 12\%) = 0.0048\ 台班\ /m^3$$

（3）计算完成该工程外墙砌筑所需费用

① 1 砖外墙

$$预算单价 = 1.31 \times 60 + (0.197 \times 181.66 + 0.339 \times 430 + 0.15 \times 2.95) \times (1 + 2\%)$$
$$+ 0.0048 \times 64.74$$
$$= 78 + (35.787 + 145.77 + 0.4425) \times 1.02 + 0.31$$
$$= 264.55 \, 元 / m^3$$

$$工程量 = [(7 \times 2 + 5) \times (5 + 0.9 - 0.4 - 0.24) - (1.5 \times 2.4 \times 2 + 1.5^2 \times 3)] \times 0.24$$
$$= 20.64 m^3$$

$$预算费用 = 20.64 \times 264.54 = 5460.31 \, 元$$

② 1 砖圆弧外墙

$$预算单价 = 1.46 \times 60 + 185.64 + 0.31 = 273.55 \, 元 / m^3$$
$$工程量 = [3.14 \times 2.5 \times (5 + 0.9 - 0.4 - 0.24)] \times 0.24 = 9.91 m^3$$
$$预算费用 = 9.91 \times 274.94 = 2724 \, 元$$

案例 5-2

背景资料：

某建设项目大型贮油池土方开挖由某机械化施工公司承包。基坑尺寸为 20m×30m，深度为 3m，施工采用反铲挖土机（斗容量 1m³）挖土，8t 自卸汽车运土，运距 5km，为防止超挖及扰动地基土，挖开总土方量的 20%，作为人工清理，修边坡土方量，土含水量为 20%，斜坡系数 $k=0.5$。双方经实测并签证，人工及机械台班的消耗量有关数据如下：

（1）履带式反铲挖土机（斗容量 1m³），每一循环的延续时间为 38min，挖斗推土的充盈系数为 0.9，土的最初松散系数为 1.15，机械利用系数为 0.8，机械幅度差系数为 20%。

（2）自卸式 8t 汽车挖土（运距 5km），每一循环的延续时间为 1500min，自卸式汽车运土的充盈系数为 0.9，自卸汽车重量利用系数 0.95，机械利用系数为 0.85，机械幅度差系数为 25%，土的密度为 1600kg/m³。

（3）人工开挖 1m³ 三类土方需要基本工作时间为 130min，辅助工作时向、准备与结束工作时间、不可避免中断时间、休息时间分别占工作延续时间为 3%、4%、2% 和 20%，人工幅度差为 15%。

（4）挖土机与自卸汽车作业，需要人工进行配合，其标准为每个台班配合 1 个与 2 个工日。

（5）已知：当地人工综合日工资标准为 40 元，反铲挖土机（斗量为 1m³）台班预算单价为 1080 元，自卸汽车（8t）台班预算单价为 580 元。

任务：

根据给定的数据和条件，请完成以下内容：

（1）计算该基坑的土方工程量。

（2）确定每 1000m³ 土方开挖的预算单价。

（3）计算完成该工程土方开挖所需预算总费用。

[解]:

(1) 计算该基坑的土方工程量

$$V = (B + 2C + KH) \cdot (C + 2C + KH) \cdot H + \frac{K^2 H^3}{3}$$

$$= (20 + 0.5 \times 3) \times (30 + 0.5 \times 3) \times 3 + \frac{0.5^2 \times 3^3}{3}$$

$$= 2031.75 + 2.25$$

$$= 2034 \text{m}^3$$

(2) 确定每 1000m^3 土方开挖的预算单价。

① 计算每 1000m^3 土方挖土机预算台班量消耗量

$$N_h = \frac{3600}{t} \times \frac{q \cdot K_c}{K_p}$$

$$= \frac{3600}{38} \times \frac{1 \times 0.9}{1.15}$$

$$= 74.14 \text{m}^3 / \text{h}$$

$$N_{台班} = 74.14 \times 8 \times 0.8$$

$$= 474.50 \text{m}^3 / 台班$$

每 1000m^3 土方挖土机台班消耗量为:

$$\frac{1000 \times 80\%}{474.50} \times (1 + 20\%) = 2.02 \text{ 台班}$$

② 计算每 1000m^3 土方自卸汽车运土预算台班的消耗量指标。

$$N_h = \frac{3600}{t} \times \frac{Q_0 \cdot K_d}{P}$$

$$= \frac{3600}{1500} \times \frac{8 \times 0.95}{1.6}$$

$$= 11.40 \text{m}^3 / \text{h}$$

$$N_{台班} = 11.40 \times 8 \times 0.85 = 77.52 \text{m}^3 / 台班$$

每 1000m^3 土方挖土自卸汽车台班消耗量为

$$\frac{1000 \times 80\%}{77.52} \times (1 + 25\%) = 12.90 \text{ 台班}$$

③ 计算每 1000m^3 土方人工预算工日消耗量指标。

$$工作延续时间 = \frac{130}{1 - (3\% + 4\% + 2\% + 20\%)} = 183.1 \text{min/m}^3$$

$$时间定额 = \frac{183.1}{60 \times 8} = 0.38 \text{ 工日} / \text{m}^3$$

每 1000m^3 土方预算定额人工消耗量为

$$0.38 \times (1 + 15\%) \times 1000 \times 20\% + 2.02 \times 1 + 12.90 \times 2 = 115.23 \text{ 工日}$$

④ 计算每 1000m^3 土方开挖预算单价

$$2.02 \times 1080 + 12.90 \times 580 + 115.23 \times 40 = 14272.8 \text{ 元} / 1000 \text{m}^3$$

（3）计算完成该工程土方开挖所需预算总费用

$$14272.8 \div 1000 \times 2034 = 29031 \text{ 元}$$

5.4 实训项目

实训 5-1

背景资料：

某工程混凝土小型砌块墙，设计采用 M5 混合砂浆砌筑，混凝土小型砌块 390×190×190，定额测定资料如下：

（1）完成每 10m³ 砌块墙的基本工作时间 82h。

（2）辅助工作时间占基本工作时间 3%，准备与结束时间、不可避免中断时间和休息时间占工作延续时间 2%、3% 和 17%；材料超运距每千块砖需耗时 3h，每 m³ 砌块需耗时 2.5h，人工幅度差为 10%，其他用工占基本用工 12%。

（3）每 10m³ 砌块墙需要 M5 混合砂浆 0.99m³，混凝土小型砌块 390×190×190，8.93m³，标准砖 240×115×53，0.26 千块，C20（16）现拌混凝土 0.48m³，水 1m³，其他材料费占上述材料费的 2%。

（4）每 10m³ 砌块墙需要 200L 灰浆搅拌机 0.17 台班，500L 混凝土搅拌机 0.05 台班，机械幅度差系数为 15%。

（5）该地区现行价格如下：

人工工日单价：45 元/工日；M5 混合砂浆单价：145 元/m³；混凝土小型砌块 390×190×190 单价：165 元/m³；标准砖 240×115×53 单价：350 元/千块；C20（16）现浇现拌混凝土单价：191 元/m³，水单价：4 元/m³；200L 灰浆搅拌机单价：68.50 元/台班；500L 混凝土搅拌机单价：136.50 元/台班。

任务：

（1）确定砌筑每 10m³ 混凝土小型砌块墙的人工时间定额和产量定额。

（2）确定砌筑每 10m³ 混凝土小型砌块墙的预算定额工料机消耗量。

（3）确定砌筑每 10m³ 混凝土小型砌块墙的预算定额工料单价。

（4）如砌块样墙设计采用 M10 水泥砂浆砌筑，水泥砂浆单价：155 元/m³，确定每 10m³ 混凝土小型砌块墙的工料单价。

（5）如 M10 水泥砂浆水泥强度等级为 32.5 级，中砂，稠度 80mm，砂的堆积密度为 1450kg/m³，确定该砂浆所需的水泥、砂、水的用量。

实训 5-2

背景资料：

（1）某定额项目为 M10 水泥砂浆砌筑烧结普通砖带形基础。工作内容包括清理基槽、调制、运砂浆、运砌砖。

（2）人力材料水平超运距离为 100m，人工幅度差为 10%。

（3）砖基础综合权数取定为：一砖基础为 70%、一砖半基础为 20%，二砖基础为 10%。

（4）每 $10m^3$ 砖基础需要 200L 砂浆搅拌机 0.35 台班，机械幅度差为 15%。

（5）每 m^3 砖基础时间定额见表 5-2，人工运输材料时间定额见表 5-3。

砖基础时间定额表　　　　　　　　　　　　　　　　　　　表 5-2

定额编号	AD0001	AD0002	AD0003	AD0004	AD0005	序　号
项目	带形基础			圆、弧形基础		
	厚度					
	1 砖	3/2 砖	2 砖、>2 砖	1 砖	>1 砖	
综合	0.937	0.905	0.876	1.080	1.040	一
砌砖	0.39	0.354	0.325	0.470	0.425	二
运输	0.449	0.449	0.449	0.500	0.500	三
调制砂浆	0.098	0.102	0.102	0.110	0.114	四

注：1. 墙基无大放脚者，其砌砖部分执行混水墙相应定额。

　　2. 带形基础亦称条形基础。

人工运输材料时间定额表　　　　　　　　　　　　　　表 5-3

定额编号	AA0001	AA0002	AA0008	AA0009	AA0010	序　号
项目	标准砖 240mm×115mm×53mm	水泥平瓦、脊瓦	砂子、绿豆砂、白石子	砂浆	碎（砾）石	
	千块		m^3			
运距≤20m	0.412	0.599	0.200	0.407	0.262	一
每增加 10m	0.037	0.059	0.018	0.030	0.027	二

注：多孔砖、空心砖运输按标准砖时间定额乘以系数 1.7。

（6）该地区现行价格如下：

人工工日单价：40 元/工日；普通砖（240mm×115mm×53mm）单价：350 元/千块；M10 水泥砂浆单价：175 元/m^3；水单价：2.95 元/m^3；200L 砂浆搅拌机单价：62 元/台班。

任务：

（1）确定砌筑每 $10m^3$ 普通砖带形基础的人工时间消耗和产量定额。

（2）确定砌筑每 $10m^3$ 普通砖带形基础的预算定额的工料机消耗量。

（3）确定砌筑每 $10m^3$ 普通砖带形基础的预算定额的工料单价。

（4）如设计采用 M10 水泥砂浆砌筑多孔砖圆弧带形基础预算定额的工料单价为多少？

实训 5-3

背景资料：

某工程现浇框架柱、梁、板模板施工

（1）模板工程施工条件：

施工现场采用复合木模板（木工板），钢支撑形式；人机配合施工工艺；相关主要机械有：卷扬机连架、4t 载重汽车、φ500 圆锯机；测定材料场内水平运距 150m，采用车子运料。

（2）施工部位：二层（标高：3.57～7.00m）框架柱、梁、板。

（3）人工消耗量基础数据：参见 LD/T 72.1～11—2008 建设工程劳动定额，人工幅度差系数 10％。

（4）材料消耗量相关数据见下表 5-4。

材料消耗量明细表　　　　　　　　　　　　　表 5-4

名　　称	实测（计算）量	周转次数（次）	施工损耗（％）	具体消耗量
复合木模板	按施工图	3	5	
钢支撑	kg/m³ 混凝土	106	1	柱 430；梁 700；板 536
零星卡具	kg/m³ 混凝土	20	2	柱 64；梁 68；板 75
松木枋挡料	m³/m³ 混凝土（补损率 10％）	5	5	柱 0.170；梁 0.206；板 0.181
钢支撑回库维修费				按钢支撑摊 0.35 元/kg
其他材料费				柱、板按 1.20 元/m² 接触面积 梁按 1.50 元/m² 接触面积

（5）机械消耗量相关数据见下表 5-5。

机械台班消耗量明细表　　　　　　　　　　　　表 5-5

名　　称	实测（计算）量	备　　注
卷扬机带井架	10m³ 混凝土柱摊销 0.51 台班 10m³ 混凝土梁摊销 0.67 台班 10m³ 混凝土板摊销 0.54 台班	某年某省建筑工程预算定额为依据测算
4t 载重汽车	10m³ 混凝土柱摊销 0.16 台班 10m³ 混凝土梁摊销 0.23 台班 10m³ 混凝土板摊销 0.19 台班	某年某省建筑工程预算定额为依据测算
ϕ500 圆锯机	10m³ 混凝土柱摊销 0.25 台班 10m³ 混凝土梁摊销 0.32 台班 10m³ 混凝土板摊销 0.36 台班	某年某省建筑工程预算定额为依据测算

注：机械幅度差按 5％考虑。

（6）人工工日单价 60 元/工日、复合木模单价 38 元/m²、钢支撑单价 5.6/kg、零星卡具单价 7.21 元/kg 元、松木枋挡料单价 1300 元/m³、卷扬机井架 125 元/台班、4t 载重汽车 300 元/台班、ϕ500 圆锯机 28 元/台班。

（7）该工程部分施工图如图 5-2～图 5-7 所示。

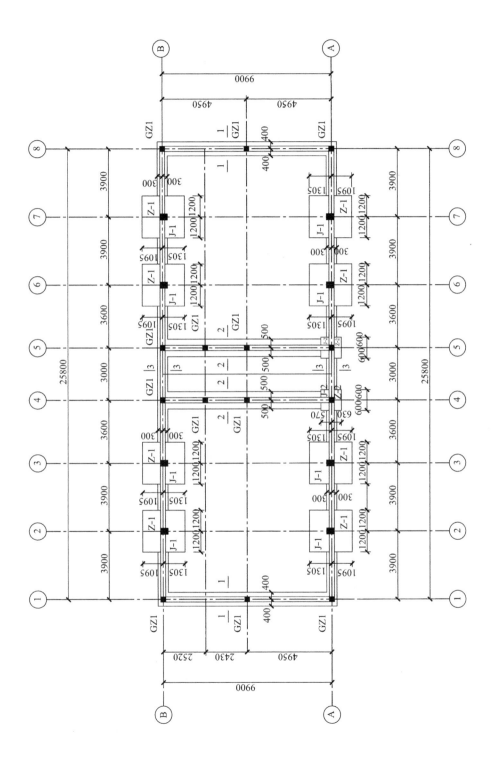

图5-2 基础平面布置图1:100（30）

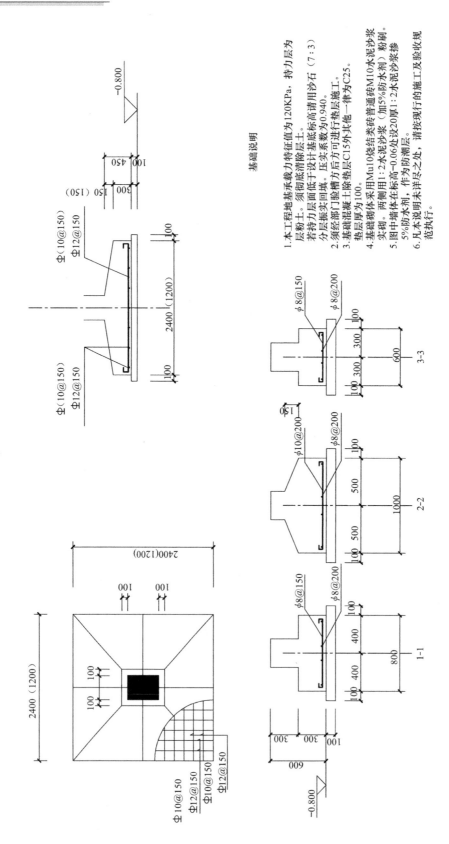

基础说明

1. 本工程地基承载力特征值为120KPa，持力层为层粉土。须铲砌底清除层土。若持力层面标高低于设计基底标高请用沙石分层振实回填。压实系数为0.940。

2. 须经部门验槽后方可进行垫层施工。

3. 基础混凝土除垫层C15外其他一律为C25。垫层厚度为100。

4. 基础砌体采用Mu10烧结类砖普通砖M10水泥沙浆实砌。两侧用1:2水泥沙浆（加5%防水剂）粉刷。

5. 图中海体在标高−0.06处设20厚1:2水泥沙浆掺5%防水剂，作为防潮层。

6. 凡本说明未详尽之处，请按现行的施工及验收规范执行。

图5-3 基础详图

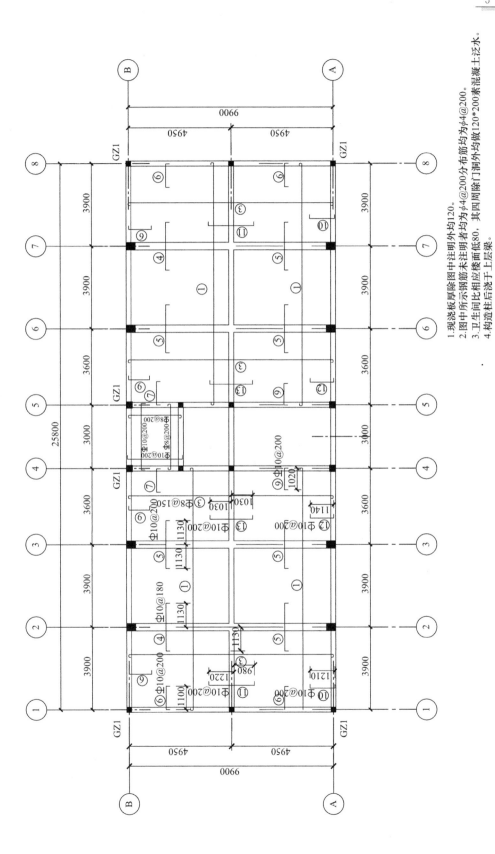

图5-4 二层结构平面图 1:100

1.现浇板厚除图中注明外均120。
2.图中所示钢筋未注明者均为φ4@200分布筋均为φ4@200。
3.卫生间比相应楼面低80，其四周门洞外均做120*200素混凝土泛水。
4.构造柱后浇于上层梁。

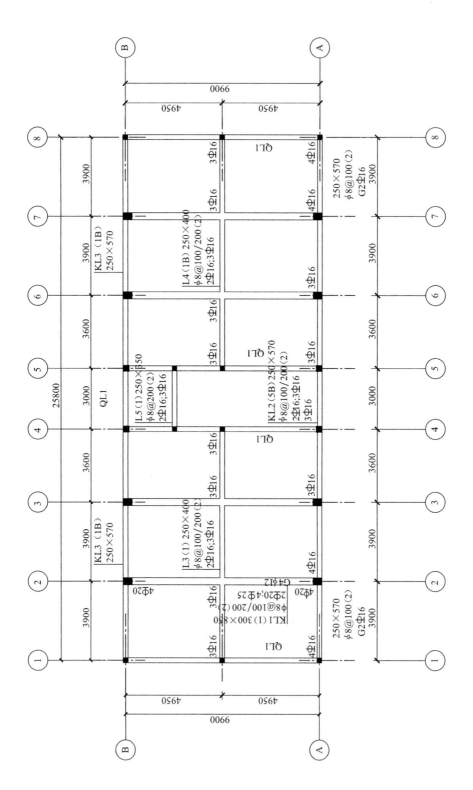

图5-5　二层梁配筋平面图1:100

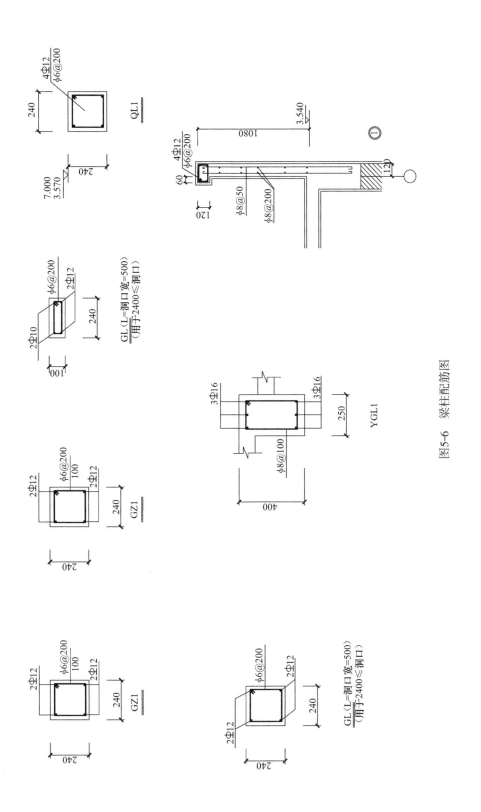

图5-6 梁柱配筋图

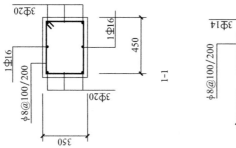

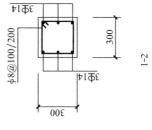

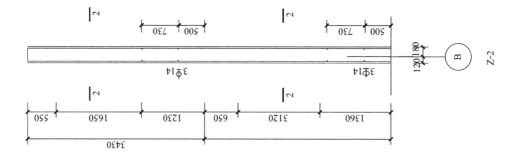

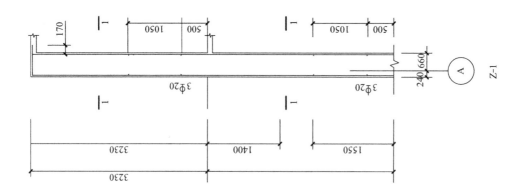

图5-7 柱配筋图

任务：

1. 计算二层的框架柱、框架梁、板（框架②～③、⑥～⑦部分板）的混凝土与模板接触面积；

2. 利用劳动定额及相关条件计算框架柱、梁、板模板工程的预算定额人工消耗量；

3. 利用相关条件计算框架柱、梁、板模板工程的材料消耗量；

4. 利用相关条件计算框架柱、梁、板模板工程的预算定额机械台班消耗量；

5. 编制计量单位为 100m² 的框架柱、梁、板模板工程的预算定额（单位估价表）。

附件：本例利用 LD/T 72.1～11—2008 建设工程劳动定额的相关条例及定额子目有：

3.3 工程量计算规则

3.3.1 模板工程量以模板与混凝土接触面积计算。留洞≤0.1m² 者，不扣除工程量。

3.3.5 梁柱接头工程量以两根构件之间一个头算一个，梁与柱之间的接头，按梁接头计算。

3.4 水 平 运 输

3.4.1 现浇构件模板安装包括地面运距≤30m 及建筑物底层和楼层的全部水平运输。运距超过部分按照下表计算超运距增加工日。

3.5 垂 直 运 输

3.5.1 本标准中，包括人力一层和机械垂直运输楼层数≤6 层，垂直运输以塔吊为准，如使用卷扬机运输时，现浇构件模板安、拆标准乘以系数 1.11。

单位为 10m²

项 目		超运距在（≤m）					
		20	40	60	80	每超 20 米增加	
						人力	车子
梁、板、楼梯、薄壳、阳台、雨篷、漏斗、水塔	钢模板	0.217	0.242	0.270	0.303	0.037	0.011
	木模板	0.152	0.169	0.189	0.212	0.026	0.008
	竹胶合板	0.138	0.154	0.172	0.193	0.024	0.007
柱、沟道、烟道、水池	钢模板	0.174	0.196	0.220	0.246	0.030	0.009
	木模板	0.122	0.137	0.154	0.172	0.021	0.006
	竹胶合板	0.111	0.125	0.140	0.157	0.019	0.005
基础、墙、其他	钢模板	0.098	0.110	0.123	0.138	0.017	0.016
	木模板	0.068	0.077	0.086	0.096	0.012	0.004
	竹胶合板	0.062	0.070	0.078	0.088	0.011	0.003

注：1. 本表每 10m² 模板包括支撑、垫楞各种配件在内。

2. 超运距除有明确规定外，不分人力或车子，均按本标准执行。

3.6 作 业 高 度

3.6.1 现浇构件模板的各层施工高度以3.6m为准，超过时，其时间定额乘以表2中对应系数。

3.8.6 木模板、竹胶合板的规定

3.8.6.10 模板如果使用木胶合板（或木工板）者，按竹胶合板制作时间定额乘以系数0.910。

本例应用的相关劳动定额子目有：

5.1.2 柱时间定额

单位为10m²

定额编号	AF0046	AF0047	AF0048	AF0049	AF0050	AF0051	序 号
项目	矩形柱						
	周长（≤m）						
	1.6			2.4			
	钢模板	木模板	竹胶合板	钢模板	木模板	竹胶合板	
综合	2.5	2.54	2.46	2.07	2.08	2.01	一
制作	—	0.871	0.793	—	0.769	0.700	二
安装	1.75	1.31	1.31	1.45	1.00	1.00	三
拆除	0.752	0.359	0.359	0.619	0.314	0.314	四

5.1.3 梁时间定额

单位为10m²

定额编号	AF0074	AF0075	AF0076	AF0077	AF0078	AF0079	序 号
项目	连系梁、框架梁						
	梁高（≤m）						
	0.4			1			
	钢模板	木模板	竹胶合板	钢模板	木模板	竹胶合板	
综合	1.95	2.60	2.51	1.71	2.10	2.02	一
制作	—	0.992	0.903	—	0.820	0.746	二
安装	1.37	1.21	1.21	1.19	0.946	0.946	三
拆除	0.587	0.397	0.397	0.519	0.330	0.330	四

5.1.5 板时间定额

单位为10m²

定额编号	AF0147	AF0148	AF0149	AF0150	AF0151	AF0152	序 号
项目	有梁板						
	板厚度（mm）						
	≤100			>100			
	钢模板	木模板	竹胶合板	钢模板	木模板	竹胶合板	
综合	1.43	1.98	1.91	1.66	2.17	2.10	一
制作	—	0.730	0.664	—	0.833	0.758	二
安装	1.00	0.910	0.910	1.17	1.00	1.00	三
拆除	0.430	0.337	0.337	0.498	0.337	0.337	四

5.1.6 其他时间定额（接头）

单位为10个

定额编号	AF0242	AF0243	AF0244	AF0248	AF0249	AF0250	序　号
项目	接头						
	连系梁、单梁、框架梁			柱			
	钢模板	木模板	竹胶合板	钢模板	木模板	竹胶合板	
综合	0.889	0.665	0.622	1.26	0.946	0.875	一
制作	—	0.476	0.433	—	0.794	0.723	二
安装	0.619	—	—	0.884	—	—	三
拆除	0.270	0.189	0.189	0.376	0.152	0.152	四

6 概算定额的编制

6.1 实训目标

(1) 熟悉概预算定额的编制步骤和方法；

(2) 会依据预算定额为基础编制概算定额。

6.2 实训步骤与方法

步骤1：概算定额编制的收集资料和准备工作。

主要包括：成立编制机构、确定组成人员、进行调查研究、收集相关资料、明确编制范围及编制内容等。

步骤2：确定概算定额的编制细则。

内容包括：需求资料、精选内容与范围、定额表现方式、编制方式、工程量计算方式、定额标准制定的整体规格等。

步骤3：确定概算定额的项目划分、扩大分项工程式扩大构件内容范围、组成成分权重。

步骤4：依据项目范围与内容制定工程量计算规则。

步骤5：确定概算定额的人工、材料、机械台班消耗量。

人工工日消耗量 $= \sum$ 分项项目在概算定额中含量 $\times$ 相应预算定额项目人工消耗量

材料消耗量 $= \sum$ 分项项目在概算定额中含量 $\times$ 相应预算定额项目材料消耗量

机械消耗量 $= \sum$ 分项项目在概算定额中含量 $\times$ 相应预算定额项目机械消耗量

6.3 参考案例

案例6-1

某省预算定额基础资料详见表6-1～表6-5。

梁模板预算定额　　　　　　　　　　　　　　　　　　　　　表6-1

工作内容：1. 模板制作、安装、拆除、维护、整理、堆放及场内外运输。

2. 模板黏着物及模内杂物清理、刷隔离剂等。　　　　　　计量单位：100m²

定额编号	4-161	4-162	4-163	4-164	4-165	4-166
项目	基础梁		弧形基础梁	矩形梁		异形梁
	组合钢模	复合木模		组合钢模	复合木模	
基价（元）	2712	2770	3991	3450	3334	3994

续表

其中	人工费（元）			1228.94	1046.62	1440.50	1825.78	1502.85	1868.78
	材料费（元）			1276.79	1571.22	2469.83	1405.03	1656.34	2048.73
	机械费（元）			206.13	152.14	81.11	219.18	174.59	76.15
	名称	单位	单价（元）	消耗量					
人工	二类人工	工日	43.00	28.580	24.340	33.500	42.460	34.950	43.460
材料	钢模板	kg	4.67	83.110	—	—	82.060	—	—
	复合模板	m²	33.00	—	14.670	—	—	14.710	—
	木模板	m³	1200.0	0.203	0.355	1.939	0.209	0.308	1.598
	零星卡具	kg	6.82	37.470	37.470	—	45.840	45.840	—
	钢支撑	kg	4.60	56.460	56.460	—	69.120	69.120	—
	圆钉	kg	4.36	3.230	12.850	14.130	1.020	13.840	11.930
	草板纸 80 号	张	0.20	30.000	30.000	—	30.000	30.000	—
	尼龙帽	个	0.48	—	—	—	37.000	37.000	—
	隔离剂	kg	6.74	10.000	10.000	10.000	10.000	10.000	10.000
	嵌缝料	kg	1.00	—	—	10.000	—	—	10.000
	镀锌钢丝 22 号	kg	4.80	0.180	0.180	0.180	0.180	0.180	0.180
	水泥 32.5 级	kg	0.30	7.000	7.000	7.000	7.000	7.000	2.000
	黄砂（净砂）综合	t	62.50	0.017	0.017	0.017	0.017	0.017	0.004
	回库维修费	元	1.00	38.300	12.400	—	40.800	15.200	—
机械	木工圆锯机 Φ500	台班	25.38	0.152	0.361	0.870	0.145	0.371	0.819
	载重汽车 4t	台班	282.45	0.487	0.401	0.209	0.549	0.455	0.196
	汽车式起重机 5t	台班	330.22	0.196	0.090	—	0.183	0.111	—

现浇商品混凝土（泵送）梁预算定额　　　　　　　　　表 6-2

工作内容：泵送混凝土浇捣、看护、养护等。　　　　　　　　　　　　计量单位：10m³

定额编号				4-82	4-83	4-84	4-85
项目				基础梁	单梁、连续梁、异形梁、弧形梁、吊车梁	圈、过梁、拱形梁	薄腹屋面梁
基价（元）				3232	3330	3500	3334
其中	人工费（元）			131.15	219.30	344.00	219.30
	材料费（元）			3096.92	3106.47	3149.86	3109.86
	机械费（元）			4.35	4.35	6.57	4.35
	名称	单位	单价（元）	消耗量			
人工	二类人工	工日	43.00	3.050	5.100	8.000	5.100
材料	泵送商品混凝土 C20	m³	299.00	10.150	10.150	10.150	10.150
	草袋	m²	5.29	5.600	6.400	13.600	4.700
	水	m³	2.95	11.000	12.800	14.600	17.000
机械	混凝土振捣器插入式	台班	4.83	0.900	0.900	1.360	0.900

普通钢筋制作安装预算定额　　表 6-3

工作内容：钢筋制作、绑扎、安装及浇捣时钢筋看护等全过程。　　　　计量单位：t

定额编号			4-414	4-415	4-416	4-417	4-418	4-419
项目			冷拔钢丝		现浇构件		预制构件	
			绑扎	点焊网片	圆钢	螺纹钢	圆钢	螺纹钢
基价（元）			4860	5528	4475	4219	4453	4259
其中	人工费（元）		763.68	1111.12	443.76	220.59	423.12	263.16
	材料费（元）		4053.22	3990.47	3980.73	3922.06	3981.01	3922.06
	机械费（元）		42.96	426.44	50.95	76.81	48.90	74.01
名称	单位	单价（元）	消耗量					
人工 二类人工	工日	43.00	17.760	25.840	10.320	5.130	9.840	6.120
材料 冷拔钢丝	t	3900.00	1.020	1.020	—	—	—	—
圆钢（综合）	t	3850.00	—	—	1.020	—	1.020	—
螺纹钢 HRB 335 综合	t	3780.00	—	—	—	1.020	—	1.020
电焊条 E43 系列	kg	5.40	—	—	0.950	8.500	0.950	8.500
镀锌钢丝 22 号	kg	4.80	15.670	2.140	8.572	2.673	8.572	2.673
水	m³	2.95	—	—	0.018	0.112	0.112	0.112
其他材料费	元	1.00	—	2.200	7.400	7.400	7.400	7.400
机械 电动卷扬机单筒慢速 50kV	台班	93.75	—	—	0.310	0.168	0.294	0.149
钢筋调直机 Φ40	台班	35.45	0.730	0.730	—	—	—	—
钢筋切断机 Φ40	台班	38.82	0.440	0.440	0.131	0.096	0.125	0.084
钢筋弯曲机 Φ40	台班	20.92	—	—	0.484	0.210	0.469	0.184
直流弧焊机 32kV	台班	94.28	—	—	0.055	0.457	0.055	0.457
点焊机长臂 75kV·A	台班	175.91	—	2.180	—	—	—	—
对焊机 75kV·A	台班	123.05	—	—	0.012	0.080	0.012	0.080

柱梁面抹灰预算定额　　表 6-4

工作内容：1. 清理、修补、湿润基层表面、堵墙眼、调运砂浆，清扫落地灰。

2. 分层抹灰找平，刷浆，洒水湿润，罩面压光（包括护角抹灰）等全过程。

计量单位：100m²

定额编号			11-12	11-13	11-14
项目			石灰砂浆	水泥砂浆	混合砂浆
			18+2	14+6	
基价（元）			1504	1398	1491
其中	人工费（元）		973.00	927.00	985.00
	材料费（元）		509.32	449.66	484.27
	机械费（元）		21.67	21.67	21.67
名称	单位	单价（元）	消耗量		
人工 三类人工	工日	50.00	19.460	18.540	19.700
材料 石灰砂浆 1:3	m³	192.05	1.930	—	—
水泥砂浆 1:2	m³	228.22	0.260	—	—
水泥砂浆 1:3	m³	195.13	—	1.550	—
水泥砂浆 1:2.5	m³	210.26	—	0.670	—
混合砂浆 1:1:6	m³	206.16	—	—	1.550
混合砂浆 1:1:4	m³	236.49	—	—	0.670
纸筋灰浆	m³	347.46	0.210	—	—
水	m³	2.95	0.800	0.790	0.770
其他材料费	m³	1.00	4.000	4.000	4.000
机械 灰浆搅拌机 200L	台班	58.57	0.370	0.370	0.370

抹灰砂浆配合比定额 表 6-5

计量单位：m³

定额编号				41	42	43	44	45	46
项目				混合砂浆					
				1:1:1	1:1:2	1:1:4	1:1:6	1:2:1	1:3:9
基价（元）				296.10	269.27	236.49	206.16	307.00	233.07
名称		单位	单价（元）	消耗量					
材料	水泥 42.5	kg	0.33	391.000	318.000	229.000	170.000	282.000	108.000
	石灰膏	m³	278.00	0.467	0.378	0.274	0.203	0.672	0.386
	黄砂（净砂）综合	t	62.50	0.570	0.922	1.330	1.472	0.408	1.416
	水	m³	2.95	0.550	0.550	0.550	0.550	0.550	0.550

任务：

完成 C20 商品混凝土矩形梁概算定额表 6-6 编制。

梁概算定额表 表 6-6

工作内容：模板、钢筋制作安装，混凝土挠捣、养护，梁面抹灰。

计量单位：m³

定额编号				5-21	5-22
项目				矩形梁	异形梁
				复合木模、混合砂浆抹面	
基价（元）					
其中	人工费（元）				
	材料费（元）				
	机械费（元）				
预算定额编号	项目名称	单位	单价（元）	消耗量	
4-165	现浇混凝土矩形梁复合木模	m²		8.602	—
4-166	现浇混凝土异形梁模板	m²		—	8.770
4-83	C20 现浇泵送商品混凝土梁浇捣	m³		0.920	0.920
4-416	现浇构件圆钢制作、安装	t		0.049	0.052
4-417	现浇构件螺纹钢制作、安装	t		0.112	0.121
11-14	砖柱、混凝土柱、梁混合砂浆抹灰厚 20mm	m²		8.602	8.68
名称		单位	单价（元）	消耗量	
人工	人工二类	工日			
	人工三类	工日			
材料	复合模板	m²			
	木模	m³			
	钢支撑	kg			
	水泥 32.5 级	kg			
	综合净砂	t			
	商品泵送混凝土 C20（20）	m³			
	水	m³			
	圆钢综合	t			
	低合金螺纹钢综合	t			

[解]：

① 计算每 m³ 梁概算定额人工费。

$$人工费 = 8.602 \times 1502.85 \div 100 + 0.92 \times 219.30 \div 10$$
$$+ 0.049 \times 443.76 + 0.112 \times 220.59 + 8.602 \times 985.00 \div 100$$
$$= 280.63 \text{ 元}$$

② 计算每 m³ 梁概算定额材料费。

$$材料费 = 8.602 \times 1656.34 \div 100 + 0.92 \times 3106.47 \div 10$$
$$+ 0.049 \times 3980.73 + 0.112 \times 3922.06 + 8.602 \times 484.27 \div 100$$
$$= 1104.26 \text{ 元}$$

③ 计算每 m³ 梁概算定额机械费。

$$机械费 = 8.602 \times 174.59 \div 100 + 0.92 \times 4.35 \div 10$$
$$+ 0.049 \times 50.95 + 0.112 \times 76.81 + 8.602 \times 21.67 \div 100$$
$$= 28.38 \text{ 元}$$

④ 计算每 m³ 梁概算定额基价。

$$基价 = 280.63 + 1104.26 + 28.38 = 1413.27 \text{ 元} / m^3$$

⑤ 计算每 m³ 梁概算定额人工（二类）消耗量。

$$人工(二类) = 8.602 \times 34.95 \div 100 + 0.92 \times 5.100 \div 10$$
$$+ 0.049 \times 10.320 + 0.112 \times 5.130$$
$$= 4.556 \text{ 工日}$$

⑥ 计算每 m³ 梁概算定额人工（三类）消耗量。

$$人工(三类) = 8.602 \times 19.700 \div 100 = 1.695 \text{ 工日}$$

⑦ 计算每 m³ 梁概算定额复合模板消耗量。

$$复合模板 = 8.602 \times 14.71 \div 100 = 1.265 m^2$$

⑧ 计算每 m³ 梁概算定额木模消耗量。

$$木模 = 8.602 \times 0.308 \div 100 = 0.026 m^3$$

⑨ 计算每 m³ 梁概算定额商品泵送混凝土消耗量。

$$商品泵送混凝土(C20) = 0.92 \times 1.015 = 0.934 m^3$$

⑩ 计算每 m³ 梁概算定额钢支撑消耗量。

$$钢支撑 = 8.602 \times 69.120 \div 100 = 5.946 kg$$

⑪ 计算每 m³ 梁概算定额水泥 42.5 级消耗量。

$$水泥 32.5 级 = 8.602 \times 1.550 \div 100 \times 170 + 8.602 \times 0.670 \div 100 \times 229$$
$$= 35.864 kg$$

⑫ 计算每 m³ 梁概算定额石灰膏消耗量。

$$石灰膏 = 8.602 \times 1.550 \div 100 \times 0.203 + 8.602 \times 0.670 \div 100 \times 0.274 = 0.043 kg$$

⑬ 计算每 m³ 梁概算定额净砂综合消耗量。

$$净砂综合 = 8.602 \times 1.550 \div 100 \times 1.472$$
$$+ 8.602 \times 0.670 \div 100 \times 1.330 + 8.602 \times 0.017 \div 100$$
$$= 0.274 m^3$$

⑭ 计算每 m³ 梁概算定额水消耗量。

$$水 = 8.602 \times 1.550 \div 100 \times 0.55$$
$$+ 8.602 \times 0.670 \div 100 \times 0.55$$
$$+ 8.602 \times 0.770 \div 100$$
$$+ 0.92 \times 12.8 \div 10$$
$$+ 0.049 \times 0.018$$
$$+ 0.112 \times 0.112$$
$$= 1.362 m^3$$

将上述计算结果填入 C20 商品混凝土矩形梁概算定额表，完成梁项目概算定额编制。见表 6-7。

梁概算定额表　　　　　　　　　　　　　表 6-7

工作内容：模板、钢筋制作安装，混凝土浇捣、养护，梁面抹灰。　　　　　计量单位：m³

定额编号					5-21	5-22
项目					矩形梁	异形梁
					复合木模、混合砂浆抹面	
基价（元）					1413.27	
其中	人工费（元）				280.63	
	材料费（元）				1104.26	
	机械费（元）				28.38	
预算定额编号	项目名称		单位	单价（元）	消耗量	
4-165	现浇混凝土矩形梁复合木模		m²	33.34	8.602	—
4-166	现浇混凝土异形梁模板		m²	—	—	8.770
4-83	C20 现浇泵送商品混凝土梁浇捣		m³	333.00	0.920	0.920
4-416	现浇构件圆钢制作、安装		t	4475	0.049	0.052
4-417	现浇构件螺纹钢制作、安装		t	4219	0.112	0.121
11-14	砖柱、混凝土柱、梁混合砂浆抹灰厚 20mm		m²	1491	8.602	8.68
名称			单位	单价（元）	消耗量	
人工	人工二类		工日	43.00	4.556	
	人工三类		工日	50.00	1.695	
材料	复合模板		m²	33.00	1.265	
	木模		m³	1200.00	0.026	
	钢支撑		kg	4.60	5.946	
	水泥 42.5 级		kg	0.30	35.864	
	综合净砂		t	62.50	0.274	
	商品泵送混凝土 C20（20）		m³	299.00	0.934	
	水		m³	2.95	1.362	
	圆钢综合		t	3850.00	0.050	
	低合金螺纹钢综合		t	3780.00	0.114	

案例 6-2

背景资料：

1. 收集同类型已完工程资料，依据"混凝土实心墙体"项目工作内容与常见施工工艺划分下列主要分项工程组成该概算定额的内容，并测定各分项工程在该概算定额项目中的消耗量权重如下：

(1) M7.5 砌混凝土实心砖墙　厚 1 砖　　　　0.181m³/m²；

(2) 现浇混凝土直形圈（过）梁　复合木模　　0.073m²/m²；

(3) C20 现浇现拌混凝土圈（过）梁浇捣　　　0.010m³/m²；

(4) 现浇构件　螺纹钢　　　　　　　　　　　0.001t/m²；

(5) 水泥砂浆墙面一般抹灰 14+6（mm）　　　0.300m²/m²；

(6) 混合砂浆墙面一般抹灰 14+6（mm）　　　0.700m²/m²。

2. 某省预算定额相关定额子目见表 6-8～表 6-12。

主体砌筑　混凝土类砖　　　　　　　　　　　　　　　　　表 6-8

工作内容：调制、运砂浆，运、砌砖，立门窗框，安放木砖、垫块。　　　　计量单位：10m³

定额编号			3-20	3-21	3-22	3-23
项目			混凝土实心砖			
			墙厚			
			1 砖墙	3/4 砖墙	1/2 砖墙	1/4 砖墙
基价（元）			2680	2783	2867	3063
其中	人工费（元）		576.20	675.10	756.80	937.40
	材料费（元）		2082.73	2085.93	2090.50	2113.57
	机械费（元）		22.84	21.67	19.33	12.30
名称		单位	单价（元）	消耗量		
人工	二类人工	工日	43.00	13.400	15.700	17.600	21.800
材料	混凝土实心砖 240×115×53	千块	310.00	5.320	5.430	5.570	6.090
	混合砂浆 M7.5	m³	181.75	2.360	2.190	2.000	1.240
	水	m³	2.95	0.100	0.100	0.100	0.100
	其他材料费	元	1.00	4.300	4.300	—	—
机械	灰浆搅拌机 200L	台班	58.57	0.390	0.730	0.330	0.210

建筑物模板　　　　　　　　　　　　　　　　　　　　　　表 6-9

工作内容：1. 模板制作、安装、拆除、维护、整理、堆放及场内外运输。

　　　　　2. 模板黏着物及模内杂物清理、刷隔离剂等。　　　　　　计量单位：100m²

定额编号		4-167	4-168	4-169	4-170
项目		弧形梁	拱形梁	直形圈过梁	
				组合钢模	复合木模
基价（元）		4326	5231	2745	2222
其中	人工费（元）	1917.80	2326.30	1607.77	1308.49
	材料费（元）	2322.97	2790.49	993.42	868.41
	机械费（元）	84.80	114.02	144.16	44.82

	名称	单位	单价（元）	消耗量			
人工	二类人工	工日	43.00	44.60	54.100	37.390	30.430
材料	钢模板	kg	4.67	—	—	90.110	—
	复合模板	m²	33.00	—	—	—	15.540
	木模板	m³	1200.00	1.816	2.225	0.107	0.215
	零星卡具	kg	6.82	—	—	24.960	—
	钢支撑	kg	4.60	—	—	33.900	—
	圆钉	kg	4.36	14.300	8.960	1.370	5.030
	镀锌钢丝12号	kg	4.80	—	—	—	—
	草板纸80号	张	0.20	—	—	30.000	30.000
	隔离剂	kg	6.74	10.000	10.000	10.000	10.000
	嵌缝料	kg	1.00	10.000	10.000	—	—
	镀锌钢丝22号	kg	4.80	0.180	0.180	0.180	0.180
	水泥32.5	kg	0.30	7.000	7.000	3.000	3.000
	黄砂（净砂）综合	t	62.50	0.017	0.017	0.008	0.008
	回库维修费	元	1.00	—	—	36.400	—
机械	木工缘聚机 Φ500	台班	25.38	1.160	1.161	0.081	0.475
	载重汽车 4t	台班	282.45	0.196	0.259	0.364	0.116
	汽车式起重机 5t	台班	330.22	—	—	0.119	—

普通钢筋制作安装　　　　　　　　　　　　　　　　　　　　　表 6-10

工作内容：钢筋制作、绑扎、安装及浇捣时钢筋看护等全过程。　　　　　　　　计量单位：t

定额编号				4-414	4-415	4-416	4-417
项目				冷拔钢丝		现浇构件	
				绑扎	电焊网片	圆钢	螺纹钢
基价（元）				4860	5528	4475	4219
其中	人工费（元）			763.68	1111.12	443.76	220.59
	材料费（元）			4053.22	3990.47	3980.73	3922.06
	机械费（元）			42.96	426.44	50.95	76.81
	名称	单位	单价（元）	消耗量			
人工	二类人工	工日	43.00	17.760	25.840	10.320	5.130
材料	冷拔钢丝	t	3900.00	1.020	1.020	—	—
	圆钢（综合）	t	3850.00	—	—	1.020	—
	螺纹钢 HRB 335 综合	t	3780.00	—	—	—	1.020
	电焊条 E43 系列	kg	5.40	—	—	0.950	8.500
	镀锌钢丝22号	kg	4.80	15.670	2.140	8.572	2.673
	水	m³	2.95	—	—	0.018	0.112
	其他材料费	元	1.00	—	2.200	7.400	7.400
机械	电动卷扬机单筒慢速 50kN	台班	93.75	—	—	0.310	0.168
	钢筋调直机 Φ40	台班	35.45	0.730	0.730	—	—
	钢筋切断机 Φ40	台班	38.82	0.440	0.440	0.131	0.096
	钢筋弯曲机 Φ40	台班	20.95	—	—	0.484	0.210
	直流弧焊机 32kW	台班	94.28	—	—	0.055	0.457
	点焊机长臂 75kV·A	台班	175.91	—	2.180	—	—
	对焊机 75kV·A	台班	123.05	—	—	0.012	0.080

现浇现拌建筑物混凝土　　　　　　　　表 6-11

工作内容：混凝土搅拌、水平运输、浇捣、养护等。　　　　　　　计量单位：10m³

	定额编号			4-10	4-11	4-12	4-13
	项目			基础梁	单梁、连续梁、异形梁、弧形梁、吊车梁	圈、过梁、拱形梁	薄腹屋面梁
	基价（元）			2416	2604	3006	2770
其中	人工费（元）			319.06	496.65	819.15	533.41
	材料费（元）			2026.32	2035.86	2079.26	2145.52
	机械费（元）			70.99	70.99	107.57	70.99
	名称	单位	单价（元）		消耗量		
人工	二类人工	工日	43.00	7.420	11.550	19.050	12.870
材料	现浇现拌混凝土 C20 (40)	m³	192.94	10.150	10.150	10.150	—
	现浇现拌混凝土 C20 (20)	m³	203.41	—	—	—	10.150
	草袋	m²	5.29	5.600	6.400	13.600	4.700
	水	m³	2.95	13.000	14.800	16.600	19.000
机械	混凝土搅拌机 500L	台班	123.45	0.532	0.532	0.808	0.532
	混凝土振捣器插入式	台班	4.83	1.100	1.100	1.620	1.100

墙面一般抹灰　　　　　　　　表 6-12

工作内容：1. 清理、修补、湿润基层表面，堵墙眼，调运砂浆，清扫落地灰。
　　　　　　2. 分层抹灰找平，刷浆，洒水湿润，罩面压光等全过程。　　　　计量单位：100m²

	定额编号			11-1	11-2	11-3
	项目			石灰砂浆	水泥砂浆	混合砂浆
				18+2	14+6	
	基价（元）			1249	1202	1282
其中	人工费（元）			748.50	713.00	757.50
	材料费（元）			478.06	466.11	502.11
	机械费（元）			22.84	22.55	22.55
	名称	单位	单价（元）		消耗量	
人工	三类人工	工日	50.00	14.970	14.260	15.150
材料	石灰砂浆 1:3	m³	192.05	2.028	—	—
	水泥砂浆 1:2	m³	228.22	0.031	—	—
	水泥砂浆 1:3	m³	195.13	—	1.616	—
	水泥砂浆 1:2.5	m³	210.26	—	0.693	—
	混合砂浆 1:1:6	m³	206.16	—	—	1.616
	混合砂浆 1:1:4	m³	236.49	—	—	0.693
	纸筋灰浆	m³	347.46	0.220	—	—
	水	m³	2.95	0.700	0.700	0.700
	其他材料费	元	1.00	3.000	3.000	3.000
机械	灰浆搅拌机 200L	台班	58.57	0.390	0.385	0.385

3. 砂浆与混凝土配合比见表 6-13～表 6-16。

砌筑混合砂浆配合比　　　　　　　　　　　　　　　　　　表 6-13

项　目				1	2	3	4
				混合砂浆			
				强度等级			
				M2.5	M5.0	M7.5	M10.0
基价（元）				173.52	181.66	181.75	184.56
	名称	单位	单价（元）	消耗量			
材料	水泥 42.5	kg	0.33	141	164	187	209
	石灰膏	m³	278.00	0.113	0.115	0.088	0.072
	黄砂（净砂）综合	t	62.50	1.515	1.515	1.515	1.515
	水	m³	2.95	0.300	0.300	0.300	0.300

混凝土配合比　　　　　　　　　　　　　　　　　　　　　表 6-14

项　目				112	113	114	115	116	117
				碎石（最大粒径：40mm）					
				混凝土强度等级					
				C10	C15	C20	C25	C30	C15
基价（元）				174.65	183.25	192.94	207.37	216.47	228.68
	名称	单位	单价（元）	消耗量					
材料	水泥 42.5	kg	0.33	162	202	246	300	341	385
	黄砂（净砂）综合	t	62.50	0.989	0.913	0.820	0.747	0.691	0.676
	碎石综合	t	49.00	1.201	1.204	1.224	1.248	1.229	1.201
	水	m³	2.95	0.180	0.180	0.180	0.180	0.180	0.180

抹灰水泥砂浆配合比　　　　　　　　　　　　　　　　　　表 6-15

项目				19	20	21	22	23	27
				水泥砂浆					纯水泥浆
				1:1	1:1.5	1:2	1:2.5	1:3	
基价（元）				262.93	241.92	228.22	210.26	195.13	417.35
	名称	单位	单价（元）	消耗量					
材料	水泥 42.5	kg	0.33	638	534	462	393	339	1262
	黄砂（净砂）综合	t	62.50	0.824	1.037	1.198	1.275	1.318	—
	水	m³	2.95	0.300	0.300	0.300	0.300	0.300	0.300

抹灰混合砂浆配合比　　　　　　　　　　　　　　　　　　表 6-16

项　目	41	42	43	44
	混合砂浆			
	1:1:1	1:1:2	1:1:4	1:1:6
基价（元）	296.1	269.27	236.49	206.16

名称		单位	单价（元）	消耗量			
材料	水泥42.5	kg	0.33	391	318	229	170
	石灰膏	m³	278.00	0.467	0.378	0.274	0.203
	黄砂（净砂）综合	t	62.50	0.570	0.922	1.330	1.472
	水	m³	2.95	0.550	0.550	0.550	0.550

任务：

编制"混凝土实心墙体"项目概算定额。

［解］：

1. 根据某省预算定额，确定各组成分项的预算定额编号，进而确定各分项的基价，确定项目对应的人工工日、材料、机械台班的消耗量，见表6-17。

概算定额消耗量分项表 表6-17

定额编号	项目名称	单位	基价（元）	每单位组成分项中各要素的消耗量						在概算定额中的消耗量
				人工二类（工日）	人工三类（工日）	混凝土实心砖（千块）	复合模板（m²）	水泥42.5（kg）	黄砂（净砂）（t）	
3-20	砌混凝土实心砖墙厚1砖	m³	268.18	1.34	/	0.532	/	0.236×187	0.236×1.515	0.181
4-170	现浇混凝土直形圈（过）梁复合木模	m²	22.22	0.30	/	/	0.155	/	0.008	0.073
4-417	现浇构件螺纹钢	t	4219.46	5.13	/	/	/	/	/	0.001
4-12	C20现浇现拌混凝土圈（过）梁浇捣	m³	300.59	1.91	/	/	/	1.015×246	1.015×0.82	0.010
11-2	水泥砂浆墙面一般抹灰14+6（mm）	m²	12.02	/	0.14	/	/	0.01616×339+0.00693×393	0.01616×1.318+0.00693×1.275	0.300
11-3	混合砂浆墙面一般抹灰14+6（mm）	m²	12.82	/	0.15	/	/	0.01616×170+0.00693×229	0.01616×1.472+0.00693×1.33	0.700

2. 将各组成分项组成中同种要素的消耗量汇总，即为在概算定额中的消耗量。

人工二类消耗量汇总

$=1.34×0.181+0.3043×0.073+5.13×0.001+1.905×0.010=0.289$ 工日

人工三类消耗量汇总

$=0.1426×0.3+0.1515×0.7=0.149$ 工日

混凝土实心砖消耗量汇总

$=0.532×0.181=0.096$ 千块

复合模板消耗量汇总

$=0.1554×0.073=0.011m²$

水泥 42.5 消耗量汇总

$$= 0.236 \times 187 \times 0.181 + 1.015 \times 246 \times 0.010 + (0.01616 \times 339 + 0.00693 \times 393) \times 0.3$$
$$+ (0.01616 \times 170 + 0.00693 \times 229) \times 0.7 = 15.979 \text{kg}$$

黄砂(净砂)消耗量汇总

$$= 0.236 \times 1.515 \times 0.181 + 0.008 \times 0.073 + 1.015 \times 0.82 \times 0.010 + (0.01616 \times 1.318$$
$$+ 0.00693 \times 1.275) \times 0.3 + (0.01616 \times 1.472 + 0.00693 \times 1.33) \times 0.7$$
$$= 0.105 \text{t}$$

3. 编制概算定额见表 6-18

框架填充墙外墙（混凝土实心砖）概算定额　　　　　　表 6-18

工作内容：砌墙、浇捣钢筋混凝土圈（过）梁，内墙面抹灰。　　　　　　计量单位：m²

定额编号					G-X1
项目					混凝土实心砖
					1 砖墙
					内面普通抹灰
基价					69.40
其中	人工费（元）				19.88
	材料费（元）				48.74
	机械费（元）				0.78
预算定额编号	项目名称	单位	单价（元）		消耗量
3-20	砌混凝土实心砖墙厚 1 砖	m³	268.18		0.181
3-22	砌混凝土实心砖墙厚 1/2 砖	m³	286.66		—
3-30	砌混凝土实心砖墙厚 190mm	m³	304.00		—
4-170	现浇混凝土直形圈（过）梁复合木模	m²	22.22		0.073
4-417	现浇构件螺纹钢	t	4219.46		0.001
4-12	C20 现浇现拌混凝土圈（过）梁浇捣	m³	300.59		0.010
11-2	水泥砂浆墙面一般抹灰 14+6（mm）	m²	12.02		0.300
11-3	混合砂浆墙面一般抹灰 14+6（mm）	m²	12.82		0.700
人工、材料名称		单位	单价（元）		消耗量
人工	二类人工	工日	43.00		0.289
	三类人工	工日	50.00		0.149
材料	混凝土实心砖　240×115×53	千块	310.00		0.096
	水	m³	2.95		0.051
	复合模板	m²	33.00		0.011
	黄砂（净砂）	t	62.500		0.105
	螺纹钢	t	3780.00		0.001
	水泥 32.5	kg	0.30		0.002
	水泥 42.5	kg	0.33		15.979
	碎石	t	49.00		0.012

6.4　实训项目

实训 6-1：

依据案例 6-1 给定的条件，试编制某省 C30 泵送商品混凝土异形梁概算定额（C30 单价 312 元/m³）采用复合木模，水泥砂浆抹面。

实训 6-2：

背景资料：

1. 目标：编制"楼地面面层镶贴花岗岩"概算定额。

2. 该概算定额依据工作内容与常见施工工艺划分下列主要分项工程组成内容，并确定各分项工程在整个概算定额项目中所占权重如下：

（1）水泥砂浆找平，20mm 厚　　　0.93m²/m²

（2）花岗石楼地面铺贴　　　　　0.93m²/m²

（3）花岗石踢脚线　　　　　　　0.12m²/m²

（4）楼地面石材面层打蜡　　　　0.93m²/m²

3. 某省预算定额相关子目参考如表 6-19～表 6-22 所示。

水泥砂浆整体楼地面　　　　　　　　　　　表 6-19

工作内容：清理基层，调运砂浆，水泥砂浆抹面、压光、养护。　　　计量单位：100m²

定额编号			10-1	10-2	10-3	10-4
项目			水泥砂浆找平层		水泥砂浆楼地面	
			20 厚	每增减 5	20 厚	每增减 5
基价（元）			781	139	999	155
其中	人工费（元）		325.00	35.00	430.00	35.00
	材料费（元）		438.08	99.52	551.71	116.39
	机械费（元）		17.57	4.10	17.57	4.10
名称		单位	单价（元）	消耗量		
人工	三类人工	工日	50.00	6.500	0.700	8.600	0.700
	水泥砂浆 1:2	m³	228.22	—	—	2.020	0.510
	水泥砂浆 1:3	m³	195.13	2.020	0.510	—	—
	纯水泥浆	m³	417.35	0.101	—	0.101	—
	水	m³	2.95	0.600	—	4.000	—
	聚乙烯薄膜	m²	0.35	—	—	105.000	—
机械	灰浆搅拌机 200L	台班	58.57	0.300	0.070	0.300	0.070

石材楼地面　　　　　　　　　　　表 6-20

工作内容：清理基层，调制水泥砂浆，刷纯水泥浆，锯板修边、贴面层、擦缝、净面。

计量单位：100m²

定额编号		10-16	10-17
项目		大理石楼地面	花岗石楼地面
基价（元）		14190	18294
其中	人工费（元）	1395.50	1414.00
	材料费（元）	12746.73	16827.04
	机械费（元）	47.54	52.72

续表

	名称	单位	单价	消耗量	
人工	三类人工	工日	50.00	27.910	28.280
材料	大理石板	m²	120.00	102.000	—
	花岗石板	m²	160.00	—	102.000
	纯水泥浆	m³	417.35	0.101	0.101
	水泥砂浆1:2.5	m³	210.26	2.040	2.040
	白水泥	kg	0.60	10.000	10.000
	棉纱	kg	11.02	1.000	1.000
	水	m³	2.95	2.600	2.600
	石料切割锯片	片	31.30	0.350	0.360
机械	灰浆搅拌机200L	台班	58.57	0.370	0.370
	石料切割机	台班	18.48	1.400	1.680

石材、块料踢脚线

表6-21

工作内容：清理基层，调制水泥砂浆，刷纯水泥浆，锯板修边，贴面、清理净面。

计量单位：100m²

	定额编号			10-64	10-65	10-66	10-67
	项目			大理石	花岗石	地砖	缸砖
	基价（元）			14575	18670	10660	5241
其中	人工费（元）			1890.00	1905.00	2405.50	2871.50
	材料费（元）			12669.86	16749.86	8243.63	2358.21
	机械费（元）			14.64	14.64	11.13	11.13
	名称	单位	单价（元）	消耗量			
人工	三类人工	工日	50.00	37.800	38.100	48.110	57.430
材料	大理石板	m²	120.00	102.000	—	—	—
	花岗石板	m²	160.00	—	102.000	—	—
	地砖600×600	m²	75.24	—	—	103.000	—
	缸砖152×152	m²	18.10	—	—	—	103.000
	水泥砂浆1:2	m³	228.22	1.520	1.520	1.820	1.820
	白水泥	kg	0.60	20.600	20.600	20.600	20.600
	纯水泥浆	m³	417.35	0.101	0.101	0.101	0.101
	棉纱	kg	11.02	1.000	1.000	0.600	0.600
	水	m³	2.95	2.600	2.600	2.600	2.600
	其他材料费	元	1.00	9.760	9.760	9.760	9.760
机械	灰浆搅拌机200L	台班	58.57	0.250	0.250	0.190	0.190

面层打蜡

表6-22

工作内容：磨光、清洗、打蜡。

计量单位：100m²

定额编号	10-40	10-41
项目	石材面层打蜡	
	楼地面	楼梯、台阶
基价（元）	301	409

续表

					232.00	313.00
其中	人工费（元）				232.00	313.00
	材料费（元）				68.89	96.21
	机械费（元）				—	—
	名称	单位	单价		消耗量	
人工	三类人工	工日	50.00		4.640	6.260
材料	地板蜡	kg	14.94		2.732	3.900
	草酸	kg	4.71		1.000	1.350
	煤油	kg	3.20		4.000	5.400
	清油	kg	12.00		0.530	0.720
	松节油	kg	7.00		0.600	0.810

任务：

编制"楼地面面层镶贴花岗岩"概算定额。

参考文献

［1］何辉，吴瑛．工程建设定额原理与实务．北京：中国建筑工业出版社，2011.

［2］吴瑛．建筑工程清单与计价．北京：机械工业出版社，2011.

［3］中华人民共和国住房与城乡建设部．砌筑配合比设计规程 JGJ/T 98—2010. 北京：中国建筑工业出版社，2011.

［4］中华人民共和国住房与城乡建设部．抹灰砂浆技术规程 JGJ/T 220—2010. 北京：中国建筑工业出版社，2011.

［5］中华人民共和国住房与城乡建设部．普通混凝土配合比设计规程 JGJ/T 55—2011. 北京：中国建筑工业出版社，2011.

［6］浙江省建设工程造价管理总站．浙江省建筑工程预算定额．北京：中国计划出版社，2010.